安全教育知识读本

主　编　吴　涛　廖哲智　黄柏明
副主编　王友华　林　凯　林燕清
施元庆　甘佳良　丁群英
梁爱良　陈从荣

吉林大学出版社

图书在版编目（CIP）数据

安全教育知识读本/吴涛，廖哲智，黄柏明主编．
—长春：吉林大学出版社，2014.12
ISBN 978-7-5677-2723-6

Ⅰ.①安… Ⅱ.①吴…②廖…③黄… Ⅲ.①安全教育—职业学校—教材 Ⅳ.①X925

中国版本图书馆 CIP 数据核字（2014）第 292642 号

书　名　安全教育知识读本
ANQUAN JIAOYU ZHISHI DUBEN

作　　者　吴　涛　廖哲智　黄柏明　主编
责任编辑　宋睿文
责任校对　宋睿文
装帧设计　李　晨
出版发行　吉林大学出版社
社　　址　长春市朝阳区明德路 501 号
邮政编码　130021
发行电话　0431-89580028/29/21
网　　址　http：//www.jlup.com.cn
电子邮箱　jdcbs@jlu.edu.cn
印　　刷　北京荣玉印刷有限公司
开　　本　787×1092　1/16
印　　张　11
字　　数　200 千字
印　　次　2020 年 5 月第 2 次印刷
书　　号　ISBN 978-7-5677-2723-6
定　　价　29.80 元

前　　言

随着社会的飞速发展，青少年的安全环境不断变化，青少年安全越来越值得关注。据教育部、公安部等单位对北京、天津、上海等10个省市的调查，平均每天约有40名中小学生死于食物中毒、溺水、交通等安全事故。这其中排除不可预见的自然灾害和人力不可抗拒的重大事故外，约80%的非正常死亡是可以通过预防措施和应急处理避免的。因此，安全教育十分重要，它是学校教育的重要组成部分。

中等职业学校的学生是比较特殊的学生群体，他们既要在学校学习文化知识，又要到工厂或者实训车间操作实习，安全形势不容乐观，对他们进行校内外安全教育尤为重要。编写《安全教育知识读本》，就是针对中职学生的实际，对学生进行校园安全、消防安全、交通安全、实训实习安全、网络安全、自然灾害安全、其它安全等方面的教育，增强学生的安全知识和自我保护意识，提高他们自救自护和互救互助的能力。

《安全教育知识读本》的编者是长期工作在教育一线且具有丰富安全教育经验的教师。此书凝聚了编者的智慧和心血，通过讲道理摆事实将理论性和知识性融为一体，文字通俗易懂，既适合广大中职学生阅读，亦可以作为学校安全教育教材。

由于时间仓促，编写水平有限，书中难免存在一些缺点和错误，敬请读者批评指正。

编　者

目　　录

第一章 安全教育概述

安全，究其根本，是指不受威胁，没有危险、危害、损失。随着现代科技的迅猛发展，人们生活水平的日益提高，安全问题也随之日趋凸显，无论是车水马龙的街道，还是秩序井然的学校，都不可避免地会发生意外伤害事故，虽然各行各业“安全第一”的口号已是屡见不鲜，但要将安全防范转化为人们的自觉行为和日常习惯，还需要通过系统的安全教育来实现。学校是实施青少年学生安全教育最主要的阵地，将安全知识通过学校教育普及开来已是社会共识，也只有如此，才能培养出更多德才兼备、身心健康的栋梁之材。

第一节 中职生安全教育的意义

安全是构建和谐社会的基本要素。《中共中央关于制定国民经济和社会发展第十一个五年规划的建议》在论及“推进社会主义和谐社会建设”时，强调了要“保障人民群众生命财产安全”。提出：“坚持安全第一、预防为主、综合治理，落实安全生产责任制，强化企业安全生产责任，健全安全生产监管体制，严格安全执法，加强安全生产设施建设。切实抓好煤矿等高危行业的安全生产，有效遏制重特大事故。加强交通安全监管，减少交通事故。加强各种自然灾害预测预报，提高防灾减灾能力。强化对食品、药品、餐饮卫生等的监管，保障人民群众健康安全。”要求“关闭破坏资源、污染环境和不具备安全生产条件的企业”。把“安全发展”作为“实现可持续发展”的重要内容，把“安全生产状况进一步好转”作为“构建和谐社会取得新进步”的重要指标。

一、中职生安全教育的目的

（一）学生自身生存的需求

安全作为人最基本的需求，是满足其他需求的保障条件。中国古代就有“人命关天”之说，安全自古以来就是人们生活和生产的基础。中职学习阶段是向成年迈进的冲刺阶段，这个时期是人格发展与完善的关键时期，是社会化发展的关键时期，同时，也是安全事故的多发时期。处在这一时期的中职学生，其活动范围和空间不再局限于校园，与社会的接触更加密切、更为广泛。如果缺少安全知识、疏于防范，就可能导致安全事故的发生。

（二）建设和谐校园的要求

和谐校园是和谐社会的重要组成部分，把学校建设成为平安、卫生、文明的校园，切实保障学生全面发展和健康成长，是建设和谐校园的基本要求，学校是教书育人的场所，必须首先给学生提供一个安全健康的环境，为师生安全筑起一道坚固的防线。中职生是和谐校园的直接受益者，也是创建和谐校园的重要参与者，中职生接受安全教育对于减少校园暴力、传染病和食物中毒等事件的发生起到举足轻重的作用。

（三）适应复杂社会环境的要求

随着社会经济和科技的不断发展，学生的交往范围也日趋扩大，交友的方式呈现多元化、复杂化特点，除校园和家庭外，还有其他的交友途径，如网络交友、信息交友、娱乐场所交友等。由于中职生年龄多在15～18岁，心理和思想都尚未成熟，缺乏社会经验，安全防范意识差，自我防范能力较弱，很容易受到社会各种不良风气的影响，从而影响其身心健康发展。

（四）培养高素质劳动者的要求

职业教育是培养技能型人才和高素质劳动者的教育，而珍爱生命和遵守安全生产要求是技能型人才和高素质劳动者的重要素质之一。温家宝总理在2005年召开的全国职教工作会议上指出："国民经济各行各业不但需要一大批科学家、工程师和经营管理人才，而且需要数以千万计的高技能人才和数以亿计的高素质劳动者。"他还强调我国装备制造业面临的主要问题是"产业结构不合理，技术创新能力不强，产品以低端为主、附加值低，资源消耗大，而且生产安全事故也多，这些都与从业人员技术素质偏低、高技能人才匮乏有很大关系"。从业人员技术素质绝非只是掌握专业知识和娴熟的专业技能，还必须具有较强的安全意识，掌握所从事职业的安全知识，具有本岗位安全生产的能力，以及符合岗位要求的安全行为习惯。

二、中职生安全教育的意义

教育的根本目的是促进受教育者全面发展，提高他们的综合素质，适应社会迅速发展的要求。对于中等职业教育而言，学生的综合素质不仅包括专业素质、思想道德素质、身体素质、心理素质，而且还包括安全素质。安全素质既包括安全意识、安全知识和安全技能，也包括安全行为和健康的心理状态。安全素质已是现代人学习、生活和工作中不可或缺的部分。

学生时期是开展安全教育最适宜的时期，因为受教育者正处于身心发展的快速阶段，

具有鲜明的生理和心理特征，对新鲜事物的接受能力强，容易受到外界因素影响而形成某种习性。中职生是我国技能型人才和高素质劳动者的生力军，对中职生进行安全教育，使其增强安全意识、掌握安全知识、养成符合职业需要的安全行为习惯，提高其自身对危险因素的预见能力、观察能力和处置能力，是我国职业教育现代化发展的必然要求，也是提高全社会公民素养的应有之意。

当前，我国仍处于生产安全事故易发多发的特殊时期，生产环境复杂，形势严峻，生产管理制度不健全，生产设施相对落后，重特大事故时有发生，发展势头尚未得到有效遏制，市场主体的安全生产意识仍比较淡漠，企业非法生产经营行为仍然屡禁不止，职业病、职业中毒等事件司空见惯，这些问题的长期存在，使得安全生产多年来一直是我国社会的热点和难点问题。中职学校主要面向生产和服务一线培养人才，无论从培养合格劳动者、保护劳动者的角度，还是从适应我国安全生产形势和实际工作环境，推进我国安全生产进程的角度，都非常有必要在中职学校开展安全教育。因此，开展中职学生安全教育，符合学生全面发展、健康成长的内在需求。

职业教育作为我国教育事业的重要组成部分，是培养技能型人才和高素质劳动者的教育，也是工业化和生产社会化、现代化的重要支柱。随着职业教育的发展，中等职业学校的学生人数逐年增加，中职生作为技能型人才和高素质劳动者的后备军，是未来生产一线的主要从业人员，将直接从事基层生产劳作和管理，如果操作或管理上稍有差错，轻则造成个人和企业的经济损失，重则影响企业的生产安全，甚至影响国家财产和人民生命安全。因此，对中职生进行系统而全面的安全教育是提高中职生安全水平的有效途径，更是优化全民族安全水平的有力保障。中职生安全教育的意义不仅体现在促进学生自身的健康发展方面，也是构建和谐校园的前提，是推动社会健康有序发展的保障，已经成为国家防止事故、减少损失的重要举措。

第二节　中职生安全教育的原则

改革开放以来，我国经济一直保持着高速增长，但职业健康安全状况却滞后于经济建设的步伐，职业健康与安全问题成为困扰我国经济发展的问题之一。中职学生作为未来生产行业的主力军，必须加强安全知识教育，让中职学生在职前就对安全生产的意义和价值、安全生产的历史发展和现实状况有相应的了解，形成正确的安全生产观念。同时，还应加强安全生产技能的教育，中职学生最终要进入具体的生产和服务工作岗位，只有具备了安全意识和专业安全技能，才能成为合格的职业人。在加强普识性安全教育的同时，要结合具体的专业和岗位开展专业性的安全教育，这也是不同领域安全生产的关键。因此，中职学生的安全生产教育应该与他们具体的专业相结合，以生命财产安全的保护为根本出发点，涵盖职业活动中安全与健康两个方面的要求。

一、中职生安全教育的主要内容

安全教育涉及的内容多种多样，从不同的角度有不同的分法，按照发生场所可以分为校园安全、家庭安全、社会安全、网络安全；按照发生机理可以分为疾病和损伤；按照诱发因素可以分为人为祸患和自然灾害。中职生安全教育的主要内容包括校园安全、家庭安全、社会安全、交通安全、自然灾害、饮食与卫生安全、网络与信息安全、实习与职业安全、运动损伤预防与应急处理、常见心理问题。

二、中职生安全教育的一般原则

安全教育作为一种实践性的教育，有其自身的特点，必须遵循一定的教育原则，运用合适的教育方法，才能取得良好的教育效果。

（一）理论知识要与生活实践相结合

中职学生正处在青春期的年龄阶段，是个人成长和发展的重要时期，在这个阶段勇于探索，乐于冒险，因此安全教育应当注意结合生活实际中经常遇到的情况，不断提升他们的安全素养，发展他们的生活能力。

（二）既注重科学性又要有人文关怀

中职生的安全教育既要遵从中职生价值观形成和发展的规律与行为养成规律，又要重视对学生的终极人文关怀，创设人性化情境，实施人性化教育。

（三）内容安排要与中职生专业密切相关

中职生的培养目标与普通高中学生不同，需要在毕业时有胜任某一工作的专业能力，因此有大量的实训内容，安全教育内容要有与实训相关的内容，方能有针对性。

（四）课内课外相结合，随时随处有安全教育的契机

课堂是安全教育的主要场所，课堂内的安全教育是有组织有计划系统地进行的，家庭、公共场所、实习单位也是安全教育的重要场所，课外教育是课内教育的补充，全方位的立体教育才能让中职生更加容易接受，效果更为持久。

（五）普适教育与个别教育相结合

既要抓好中职生整体统一的安全教育，又要注意因中职生个体差异而导致的特别的安全需求，帮助每一个在校中职生解决他所关心或面临的安全问题。

第三节　中职生安全教育的方法

安全教育既是知识的传授、技能的提高，也是观念的更新、态度的转变，是集理论和实践为一体的综合教育。要在中职学校广泛而有效地开展安全教育，就必须通过多元化的方法和多渠道的途径加以实施和强化。

一、中职生安全教育的方法

安全教育的实施不应单一、枯燥，中职生安全教育的方法多种多样，应该在实践中灵活运用，与学生学习、生活、实习等紧密联系，采用丰富多样的教学方法，调动学生的积极性和主动性。具体的方法有以下几种。

（一）讲解示范法

对安全防范知识的讲解和对应急处理方法的示范，使学生掌握安全常识，学会在危急时刻正确处理意外伤害。讲解示范法是目前广泛运用的最主要的中职生安全教育方法。

（二）案例分析法

通过案例讲述、图片展示、视频回放等方式，还原伤害事故，分析事故发生的原因、事故中处理方法的利弊，以及如何避免发生类似事件。在运用案例分析教学方法时，时常将讨论教学融入其中，通过学生与学生、学生与教师的共同讨论来掌握、巩固知识，学生也能积极参与到对所学知识的思考、讨论之中。

（三）模拟教学法

通过设置各种情景，有针对性地开展安全教育，促使中职生形成处置各种安全危机的良好反应。模拟灾害或伤害事故的现场，引导学生根据实际情况动手操作，按照步骤处理事故，展开紧急救援等。组织中职生开展安全实践演练，参与学校安全管理和服务，以达到活用所接受的安全知识与技能的目的。

（四）主题教学法

教师提出安全教育主题，学生分成小组广泛收集资料进行研究，形成研究报告，并在班级或校内进行汇报交流。

（五）专家讲授法

邀请安全教育专家、消防人员、警察等进行安全知识讲座，通过权威、专业、针对性的讲授，提高学生安全意识。

（六）参观教学法

参观教学是指根据教学目的，组织和指导学生到自然界、生产现场和社会生活场所，对实际事物或现象进行实地观察、调查、研究和学习，从而获得、巩固、验证、扩充安全知识技能的教学方法。通过参观安全事故图片展、安全教育基地、安全生产企业等，让学生接受更加直观、更加权威的安全教育，提高安全防范意识和应急处理能力。

二、中职生安全教育的途径

实施安全教育的途径是多样化的，可以根据学校的实际情况，设置专门的课程或将安全教育渗透在课内外活动之中。中职学生安全教育的主要途径有以下几个方面。

（一）作为独立学科开设课程

开设安全教育课程是开展安全教育最直接、最有效的途径。课堂教学是安全教育最正统的形式，这样的知识传授或技能训练更有目的性和系统性。中等职业学校应按照国家课程标准和地方课程设置要求，逐步将安全教育纳入学校的教学计划，设置足够的课时，安排专门的安全教育教师开展系统的安全教育教学。

（二）将安全教育知识渗透于各学科之中

安全教育内容涉及学科比较广泛，物理、化学、生物、心理、体育等学科均涉及安全教育知识，各科任课教师应在学科教学中挖掘隐性的安全教育内容，并将其潜移默化地渗透于学科教学中，把显性教育和隐性教育结合起来，提高学生的安全意识和应急能力。

（三）聘请专业人员进校讲授

定期邀请国内外安全教育专家面向教师和学生开展专题讲座，邀请消防员、警察等专业人员进课堂，开展人身防护、防盗、防火等与学生学习和生活密切相关的安全演习，充分利用学校的有利条件，在每个环节上结合学生的年龄特点和专业特点，提高安全教育活动的针对性和实效性。

（四）开展安全教育主题活动

定期开展全校范围的安全教育主题活动，围绕主题开展各种形式的活动，抓住开学初、放假前等适合安全教育的时机，开展有针对性的安全教育，通过班会、升旗仪式、墙报、板报、参观、演讲、看电影、有奖竞答等灵活的教育形式，把安全教育渗透到学生的

课余生活中，结合校园文化突出安全教育因素，充分利用校内相关社团，全方位开展校园安全教育活动。

（五）参观专业机构及安全知识展览

分期分批带领学生参观消防队、博物馆等专业机构，利用大型场馆举办安全展览，培养学生安全意识、提高学生安全技能，将中职学校的安全教育从“要我学”向“我要学”转变。

（六）利用网络进行宣传教育

随着信息技术的发展和移动终端的普及，网络的影响力越来越大，利用网络进行安全教育，其传播速度和传播范围是其他媒介无法比拟的，教师通过“慕课”“微课”等形式向学生开展安全教育，学生可以通过网络进行自主性、研究性学习，线上交流、线下互动，提高学习效率和学习质量。因此，研发适合中职生的安全教育网络课程，是开展安全教育的有效途径之一。

（七）增设校内安全问题咨询室

在实际生活中，学生的个体安全问题是千差万别的。为了对症下药，使安全教育富有时代性、科学性、针对性，应当建立专门的学生安全咨询室，开展安全咨询服务活动。通过谈心、开导、求助等方式，及时帮助学生克服各种原因导致的身体和心理问题，确保学生身心的健康发展。

为有效开展安全教育，教育管理机构和各级学校应该建立健全与安全相关的机制，加强落实和监督，切实将“安全责任重于泰山”的理念灌输给每一位学生。在开展日常的宣传教育的同时，加强管理，从管理机制上加强学生安全防范工作。从学生管理层面上，建立、健全校园安全管理领导小组，加强安全教育师资建设，完善安全教育运行机制，进一步明确分工，落实责任制，形成全校齐抓共管的安全教育氛围。

第二章 校园安全

校园安全是全社会安全工作的重要组成部分，它直接关系到青少年学生能否安全、健康地成长，同时影响着家庭的幸福安宁和社会的和谐稳定。

校园事故是指学生在校期间由于某种原因而导致的意外伤害事件。1990 年世界卫 生组织发布报告，在世界大多数国家中，意外伤害是儿童和青少年致伤、致残、致死的最主要原因。意外伤害不仅造成了儿童和青少年的永久性残疾和早亡，给孩子带来痛苦，给家庭带来不幸，而且消耗了巨大的医疗费用，给社会、学校和家庭造成巨大的负担。在我国，儿童和青少年的意外伤害多发生在学校和上、下学的途中；而在不同年龄的青少年中，15～19 岁年龄段意外伤害的死亡率最高。中职学生正处于这一年龄段，因此，加强安全 教育刻不容缓。

校园安全问题已成为社会各界关注的热点问题。保护好每一个孩子，降低意外伤害事故的发生率，是学校教育和管理的重要内容。所以要充分利用社会资源，以学校教育为主导，家庭教育为辅助，全面开展安全教育，杜绝校园暴力、校园盗窃、校园诈骗等事件的 发生，共同构建安全、稳定、和谐的学习环境。

第一节 踩踏事故

踩踏事故是指在某一事件或某个活动过程中，因聚集在某处的人群过度拥挤，致使一部分甚至多数人因行走或站立不稳而跌倒未能及时爬起，被人踩在脚下或压在身下，短时间内无法及时控制、制止的混乱场面。人在意识到危险时，逃生是本能行为，大多数人都会因为恐惧而“慌不择路”，引发拥挤甚至踩踏，轻则造成局部的混乱，重则严重影响社会秩序，纵观历史上发生的踩踏事件，大都会造成严重的人员伤亡，给家庭和社会造成无法弥补的损失。

发生踩踏事故的两个主要诱因是人员密集和空间狭小。在拥挤行进的人群中，如果前面有人摔倒，而后面不知情的行人继续前行，很容易发生踩踏事故。在那些空间有限，人群又相对集中的场所，如球场、商场、狭窄的街道、室内通道或楼梯、影院、酒吧、夜总

会、宗教朝圣的仪式上、彩票销售点、超载的车辆、航行中的轮船等都隐藏着潜在的拥挤和踩踏危险，当身处这样的环境中时，一定要提高安全防范意识。

引发踩踏事故的原因有多种，一般来讲，当人群因恐慌、愤怒、兴奋而情绪激动时，往往容易发生危险。在一些现实的案例中，许多伤亡者都是在刚刚意识到危险就被拥挤的人群踩在脚下，因此只有提高对危险的判别能力，尽早离开危险境地，学会在险境中进行自我保护，才能避免和减少踩踏事故的发生。

学校是人员密集区域，集体活动较多，如不掌握必要的安全常识，很容易引发拥挤和踩踏事故。

一、案例警示

2014 年 9 月 26 日，昆明明通小学预备铃响后，学生从宿舍前往教室的过程中发生踩踏事故，导致 6 人死亡，26 名学生受伤。事故发生在下午 2 点 30 分左右，当时一二年级的学生集体结束午休，从休息的楼层下楼返回教室。午休室门口有两个长约 3m 的海绵垫子，很多学生出于好奇，上前击打，致海绵垫子翻倒在地，将一些学生压在下面。后面的同学不知道有人被盖住了，就踩了上去，同学们有的哭、有的喊、有的叫，现场一片混乱。

昆明明通小学踩踏事故

表面上看是两块海绵垫子引发的踩踏事故，实则凸显了校园安全教育仍然是教育的短板，校园设施安全被忽视，安全岗位责任人缺失，安全疏散预案不合理，学生缺乏应对此类事故的日常演练，种种原因导致安全事故一触即发，酿成恶果。

2014 年 12 月 31 日 23 时 35 分，正值跨年夜活动，因很多游客、市民聚集在上海外滩迎接新年，上海市黄浦区外滩陈毅广场东南角通往黄浦江观景平台的人行通道阶梯处底部有人失衡跌倒，继而引发多人摔倒、叠压，致使拥挤踩踏事故发生，造成 36 人死亡，49 人受伤。

上海外滩踩踏事故

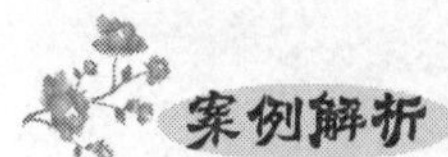

2015 年 1 月 21 日上海市公布了该事故调查报告，认定这是一起对群众性活动预防准备不足、现场管理不力、应对处置不当而引发的拥挤踩踏并造成重大伤亡和严重后果的公共安全责任事件。黄浦区政府和相关部门对这起事件负有不可推卸的责任。调查报告建议，对包括黄浦区区委书记周伟、黄浦区区长彭崧在内的 11 名党政干部进行处分。

二、安全建议

（1）举止文明，人多的时候不拥挤、不起哄、不制造紧张或恐慌气氛。

（2）尽量避开就餐、集会等人员密集时间，避免到拥挤的人群中凑热闹，不得已时，尽量走在人流的边缘。

（3）在通过较窄的通道或上下楼梯时相互礼让，靠右行走，遵守秩序，注意安全。

（4）发觉密集的人群向自己行走的方向拥过来时，应立即避到一旁，不要慌乱，不要奔跑，避免摔倒。

（5）顺着人流走，切不可逆着人流前进，否则，很容易被人流推倒。

（6）在人群中走动时，遇到台阶或楼梯时，尽量抓住扶手，防止摔倒。

（7）在拥挤的人群中，要时刻保持警惕，当发现有人情绪不对，或人群开始骚动时，就要做好准备保护自己和他人。

（8）在人群骚动时，要注意脚下，千万不能被绊倒，避免自己成为踩踏事故的诱发因素。

（9）如果陷入拥挤的人流，一定要先站稳，保持镇静，即使鞋子被踩掉，也不要弯腰捡鞋子或系鞋带。有可能的话，可先尽快抓住坚固可靠的东西站稳，待人群过去后再迅速离开现场。

避免踩踏的方法

（10）当发现前面有人突然摔倒，要马上停下脚步，同时大声呼救，告知后面的人不要向前靠近。

（I1）若自己被人群拥倒后，要设法靠近墙壁，身体蜷成球状，双手在颈后紧扣以保护身体最脆弱的部位。

（12）入住酒店、去商场购物、观看演唱会或体育比赛时，务必留心疏散通道、灭火设施、紧急出口及楼梯方位等，以便关键时刻能尽快逃离现场。

（13）发生踩踏最明显的标志是人流速度突然发生了变化，并发生了方向改变。突然感觉“被推了一下”或者听到莫名尖叫时也要特别警觉，此时踩踏可能已经发生。

（14）在拥挤的人群中，双手互握臂弯，双肘撑开约90°。平放胸前，形成一定的空间保证呼吸。如有儿童，应将他们举过肩头。

避免踩踏的姿势

拥挤的人群有多大的能量？

如果你被汹涌的人潮挤在一个不可压缩的物体上，比如一面砖墙、地面或者一群倒下的人身上，背后七八个人的推挤产生的压力就可能达到一吨以上。实际上在踩踏事故中，遇难者大多并不是真的死于踩踏，他们的死因更多的是挤压性窒息，也就是人的胸腔被挤压得没有空间扩张。在最极端的踩踏事故中，遇难者甚至可以保持站立的姿态。

三、应对措施

（1）迅速与周围的人进行简单沟通——如果你意识到有发生踩踏的危险或者已经发生了踩踏，你要迅速与身边的人（前后左右的五六个人即可）做简单沟通：让他们也意识到有发生踩踏的危险，要他们迅速跟你协同行动，采用人体麦克法进行自救。

（2）一起有节奏地呼喊“后退”（或“go back”）——你先喊“一、二”（或 one, two)，然后和周围人一起有节奏地反复大声呼喊“后退”（或“go back”）。

（3）让更外围的人加入呼喊——在核心圈形成一个稳定的呼喊节奏后，呼喊者要示意身边更多的人一起加入呼喊，争取在最短的时间内把呼喊声传递到拥挤人群的最外围。

（4）最外围的人迅速撤离疏散——如果你是身处拥挤人群最外围的人，当你听到人群中传出有节奏的呼喊声（“后退”）时，你应该意识到这是一个发生踩踏事故的警示信号。此时你要立即向外撤离，并尽量让你周围的人也向外撤离，同时尽量劝阻其他人进入人群。

（5）绝对不要前冲寻亲——即便你有亲属甚至孩子在人群中，在听到“后退”的呼喊声后，也不要冲向人群进行寻亲或施救。你应该意识到后退疏散是此时最明智的救助亲人的方式。前冲寻亲只会迟滞或妨碍对亲人的有效救助，从而让你的亲人陷入更危险的

境地。

（6）如不慎倒地，应两手十指交叉相扣，护住后脑和后颈部；两肘向前，护住双侧太阳穴；双膝尽量前屈，护住胸腔和腹腔的重要脏器；侧躺在地，千万不要仰卧或俯卧。发生踩踏事故时，在确保自己安全的前提下及时拨打110或999急救，当医护人员无法及时抵达现场，互救可能是唯一可以延续生命的方法，对于失去生命迹象的伤者，要不间断地实施心肺复苏术，直到急救人员到来。

倒地后避免踩踏的姿势

（1）发生踩踏事件的诱因是什么？

（2）当自己判断踩踏可能发生，并且身处人群之中时，你应该怎么办？

（3）救助伤者实施心肺复苏术时的标准是什么？

第二节　校园暴力

校园暴力是发生在校园内或学生上学、放学途中，由老师、同学或校外人员，蓄意滥用语言、肢体、器械、网络等，针对师生的生理、心理、名誉、权利、财产等实施的达到某种程度的侵害行为。近年来，我国校园暴力事件频发，并不时有一些性质相当恶劣的案件被报道。案件中那些心灵扭曲的孩子作案手段之残忍，令人触目惊心。任何形式的校园暴力都是不可接受的，施暴者、受害者、甚至旁观者都会受到不同程度的伤害，施暴者由于得到某种满足，逐渐变得冷漠无情，自高自大。受害者经常因受到威胁而形成心理问题，影响健康，甚至影响人格发展。旁观者也经常因为受到惊吓而感到不安和惶恐。校园暴力也会影响到学校的整体纪律和风气，所以，学校须正视校园暴力，通过教育制止和预防校园暴力事件的发生。

拒绝校园暴力

我们学校不存在暴力：这是一个常见的误区，校园暴力通常被认为仅发生在“其他”学校里，尤其是那些“野蛮”地区，而没有发生在自己的学校。正是在最容易忽视校园暴力的学校，最有可能发生校园暴力。校园暴力发生在每一个学校，远超出人们的认识程度。承认校园暴力是制止校园暴力发生的第一步。

校园暴力多种多样，最常见的有语言暴力、肢体暴力、冷暴力和网络暴力，下面通过对这四种暴力形式的详细分析，让大家更深刻地认识校园暴力发生的原因和危害。

一、语言暴力

语言暴力就是使用谩骂、诋毁、蔑视、嘲笑等侮辱性、歧视性的语言，致使他人的精神和心理遭到侵犯和损害，属于精神伤害的范畴。而低龄语言暴力，就是限定了施暴者或受暴者是青少年。很多情况下，语言暴力源自不平等的相互关系，受害者通常缺乏自卫的力量，未成年人遭受的语言暴力就属于这一类。

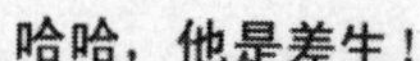

语言暴力

1. 案例警示

晓玲自从戴上牙套之后，就开始了一连串的梦魇，班上同学给她取了“牙套妹”“钢牙女”等一些难听的绰号，而且经常当着她的面这样叫她，这些绰号都会紧跟着她，晓玲感到既生气又难过。终于有一天，晓玲在课间的时候疯狂地和一个称呼她绰号的男生扭打起来，并险些将他的眼睛戳瞎……

同学之间，给别人起绰号、公开别人隐私、讽刺挖苦他人、嘲笑他人的生理缺陷等是最常见的语言暴力。处于青春期的学生是十分敏感的，这个时期的人需要在群体里面找到被认同感，往往自身的缺点和短板是一个人最薄弱的痛点，即便是无心的玩笑，但反复戳某人的痛点，也可能会引来极其严重的后果。

当然同学之间起绰号并不总是表达憎恶或者讽刺的意思，一部分人认为叫绰号是跟自己关系好的表现，所以也要区别对待。对待不合理的称呼，当事人一定要第一时间当着众人的面与其沟通，千万不能以消极、不作为的形式来处理，你的义正词严会让好事者自觉无趣，也便不再起哄。

案例回放

据报道，2015 年 1 月 10 日晚，家住成都郫县一位叫小盈的 14 岁少女，因为晚归和父母发生冲突后从六楼跳下，在抢救了近 1 小时后，她还是离开了这个世界。小盈在跳楼前给父母留下了一封长达四页的遗书，这封遗书沉重得几乎让人窒息，她以将近一页纸的篇幅，写了几十个“你死了算了”“我还不如没生你”“早知这样当初就该……”之类的父母责骂的话。

对于家庭语言暴力，多数人似乎都心有灵犀，缄口不谈。也许大家认为这是

家务事，教训孩子是父母的权利，骂孩子也是一种关爱。其实这纯粹是误解，语言暴力丝毫不亚于肉体暴力对孩子的伤害。广东佛山市妇联公布的《佛山市少年儿童权益保护调查报告》显示，孩子们最害怕的不是父母的拳脚，而是语言暴力，一句“很笨”“累赘”“废物”等，比任何惩罚都让孩子们更恐慌。

语言是有能量的，积极的、温暖的语言能让孩子变得自信、乐观，而攻击性、破坏性的语言则可能毁掉孩子的一生。“良言入耳三冬暖，恶语伤人六月寒。”鉴于此，希望家长在批评教育孩子时，一定要放下语言暴力的“凶器”，学会用心沟通、用心关爱，这样才能达到教育的目的。

2. 安全建议

（1）无论遇到何种暴力，都不能忍气吞声，要及时向老师、家长反映，甚至报警。

（2）学生时代，穿戴用品尽量低调，不要特立独行、过于招摇。

（3）讲文明、讲礼貌，不使用侮辱性语言。

（4）不随意给他人起绰号，不恶意攻击他人的生理缺陷。

（5）当老师或同学的言语伤害到自己时，要及时与其沟通，明确表达被伤害的事实。

（6）树立自信，用实际行动改变对方对自己的偏见。

语言暴力的危害

语言暴力虽然从表面上不具备暴力的特征，但是它对学生人格心理发展所造成的负面影响是长期的，不可估量的。它的危害主要有两种表现形式。

（1）形成“退缩型人格”，即孩子在高压下往往回避问题，回避现实，不敢与人正常交流，容易形成内向、封闭、自卑、多疑等人格特征，严重的会有自杀等极端行为。

（2）形成“攻击型人格”，即孩子在受到“语言暴力”之后，性格变得暴躁、易怒，内心充满仇恨、逆反，为了发泄不满，而对他人和社会采取过激行为，直接影响和危害社会，害人又害己。

3. 应对措施

当自己受到语言暴力的危害时，首先要表明自己的态度和立场，让对方明确自己的感受，避免积郁成怨。如果自己解决不了，应该寻求家长、熟悉的老师、心理咨询老师等的帮助，向他们阐述实际情况，在他们的协助下解决问题，一定不要任其发展，造成无法挽回的损失。

二、肢体暴力

肢体暴力是所有暴力中最容易识别的一种形态，它有着相当具体的行为表现，通常也会在受害者身上留下明显的伤痕，包括踢打同学、抢夺他们的东西等。施暴者的暴力行为也会随着他们年纪的增长而变本加厉。另外，校园性侵害也属于肢体暴力的范畴。

肢体暴力

1. 案例警示

2016 年 1 月，一场远在美国的法庭宣判激起了国人的广泛议论。这起案件的原因是由于男女同学之间的争风吃醋而引起的，2015 年 3 月 30 日晚上罗兰岗公园，翟某、杨某和章某等 12 名被告将刘某挟持到人迹罕至之处，刘某遭受到了包括拳打脚踢、扒光衣服、用烟头烫伤乳头、用打火机点燃头发、强迫她趴在地上吃沙子、剃掉她的头发并逼她吃掉等虐待，其间还有人用手机拍下了刘某受虐照和裸照。整个折磨过程长达 5 小时，刘某遍体鳞伤，脸部瘀青肿胀，双脚无法站稳。2016 年 1 月 6 日，美国当地法院对三名被告翟某、杨某和章某分别判处 13 年、10 年和 6 年的刑期，而法官强调，三人服刑期满后将被驱逐出美国。

肢体暴力往往会对被施暴者的身心造成伤害，并严重影响其正常学习，甚至会失去生命，给个人以及家庭带来永久性的伤害。经常受到校园暴力侵害的学生整日生活在暴力的阴影当中，有的学生身体受伤要住院治疗；有的学生精神失常；有的学生性格发生变化；有的学生因为无法承受压力而自杀，等等。就施暴者而言，有可能导致其形成反社会人格，最终走上犯罪道路。在本案例中，施暴人曾简单地以为就是同学间打架的事儿，赔点儿钱就能了事，没想到受到了如此严厉的惩罚。我国法律规定，不满16岁的未成年人免于刑事处罚，但同学们需要知道，习惯于使用暴力手段解决问题的人迟早会受到法律的制裁。

衡水电视台对“冀州信都学校学生遭副校长暴打造成右耳耳聋”事件进行了报道，报道中称，2015年5月28日，一名初三的学生被该学校副校长掌掴十几个耳光，造成耳聋耳鸣。事情发生以后，学校包括打人副校长一直无人出面，只是让家人带孩子看病，医药费学校全部承担。现这名学生因为惧怕该副校长不敢回到学校读书。6月9日，一起更为恶劣的教师殴打学生事件再次发生在该校小学部四年级学生小凯身上，一名年仅12岁的孩子在校内遭到教师田某、郝某的连续多次殴打，事后还威胁孩子不能告诉家长是老师打的，使孩子身心受到严重的伤害，经衡水哈励逊国际和平医院诊断为骨及韧带损伤，经河北省第六医院心身疾病科检验临床诊断为急性应激障碍。

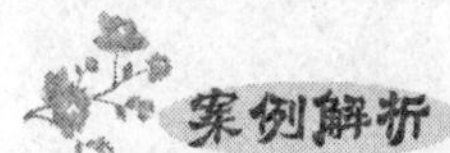

我国现行《义务教育法》第二十九条规定：教师应当尊重学生的人格，不得歧视学生，不得对学生实施体罚、变相体罚或者其他侮辱人格尊严的行为，不得侵犯学生合法权益。《教师法》第八条第五款也规定，“制止有害于学生的行为或者其他侵犯学生合法权益的行为”，同时在第三十七条第（二）项和第（三）项规定“体罚学生，经教育不改的”“品行不良、侮辱学生，影响恶劣的”等情节严重的行为，将给予行政处分或者依法追究刑事责任。我国现行《未成年人保护法》规定：学校、幼儿园的教职员应当尊重未成年人的人格尊严，不得对未成年人实行体罚、变相体罚或者其他侮辱人格尊严的行为。教职员对未成年人实施体罚、变相体罚或者其他侮辱人格行为的，情节严重的，依法给予处分。

2. 安全建议

（1）远离不良社会群体，多交正能量的朋友。

（2）上学、放学途中，尽可能结伴而行。

（3）经常锻炼身体，使自己变得强壮。

(4) 与人发生冲突时，及时沟通化解，化干戈为玉帛，必要时请老师或家长协助解决。

(5) 三十六计，走为上策。身处险境时，逃跑并不丢人，人身安全永远是第一位的。

(6) 紧急时大声喊叫，以引人注意。

(7) 遭受肢体暴力后要及时报警，用法律武器捍卫自己的利益。

正当防卫

我国《刑法》第二十条规定：为了使国家、公共利益、本人或者他人的人身、财产和其他权利免受正在进行的不法侵害，而采取的制止不法侵害的行为，对不法侵害人造成损害的，属于正当防卫，不负刑事责任。正当防卫明显超过必要限度造成重大损害的，应当负刑事责任，但是应当减轻或者免除处罚。对正在进行行凶、杀人、抢劫、强奸、绑架以及其他严重危及人身安全的暴力犯罪，采取防卫行为，造成不法侵害人伤亡的，不属于防卫过当，不负刑事责任。

3. 应对措施

当面临肢体暴力威胁时，首先要进行言语劝说，动之以情，晓之以理；其次要尽量摆脱危险处境，向人多的地方逃跑，同时要伺机报警；如果已经无法逃脱，可以大声喊叫，向他人求救；施暴过程中要保护头、内脏等重要器官，避免发生不可逆的伤害；被侵害后及时报警，将施暴者绳之以法，避免惨剧再次发生。

三、冷暴力

冷暴力是最常见，也是最容易被忽视的，通常是通过说服同伴排挤某人，使弱势同伴被孤立在团体之外，或借此切断他们的关系连接。其表现形式多为冷淡、轻视、放任、疏远和漠不关心，致使他人精神上和心理上受到侵犯和伤害。此类暴力伴随而来的人际疏离感，经常让受害者觉得无助、沮丧。

冷暴力

常见的校园冷暴力有以下两种形式。

冷漠型：常见于师生之间。因某些原因教师无视某个学生的存在，视学生为空气。如故意不和该学生交流，不让他回答问题，让他一直坐在后排某个角落等。

孤立型：常见于同学之间。同学之间形成某种固定的团体或共识，对某个学生进行排挤、孤立、歧视、侮辱等现象，如团队活动没人愿意和他组合，社团活动不接受他的报名，故意不和他说话等。

1. 案例警示

小畅的家庭条件不好，母亲卧病在床，父亲是个临时工，为了不让自己显得很格格不入就开始做一些小偷小摸的事情，后来很快就被发现了。但因为金额不是很大，也构不成犯罪，学校也没办法将其开除，但在学校，老师暗示学习好的同学不要理他，并在班级活动和家长会上会向一些人讲述他的偷盗行为，很快对于他的评判尽人皆知，于是所有学生都像中了魔怔一样躲避他。即使在体育课的分组竞赛中，被孤立的也只有他一个人，而事实上那个时候距他最后一次偷东西已经过去一年有余了。有一天班上有人丢东西，小畅自然被认为是最大的嫌疑人，在老师的责问和同学们的冷眼中他选择冲上楼顶试图跳楼，经过学校和消防队员的努力，把小畅救了下来。而当天就发现丢失的东西是该同学落在家里而已。但小畅从此拒绝再去学校，那年他只有11岁。

校园冷暴力的受害对象是处于弱势的学生，而施加冷暴力的却常常不止一个人。尤其是在封闭式的中职学校里，学生离开了家庭，来到了一个同龄人“聚集区”，这个时候，每个同学都会受到周围同学的影响，只有彼此间建立平等的友谊，才能共同进步、健康成长，孤立、排挤某个人或某些人，不但会伤害这些人，也不利于自己的全面发展。

2010年4月6日，河南省洛阳市孟津县西霞院初级中学初一学生雷梦佳和同年级其他班另一个女同学打架后，班主任组织全体同学投票。投票之前，老师让雷梦佳先回避，然后让全班同学就雷梦佳严重违反班纪班规的现象做了一个测评。测评是道选择题：是留下来给她一次改正错误的机会，还是让家长将其带走进行

家庭教育一周。结果 26 个同学选择让她回家接受教育一周，12 个同学选择再给她一次机会。在得知自己被大部分同学投票赶走后，雷梦佳在学校附近的黄河渠投渠自尽。

上述事件中，因学校制度不完善，老师考虑不周全，学生维权意识淡薄，最终酿成悲剧。每个孩子都有自尊心，当她的心理底线被击溃时，容易做出非理智的举动，看似民主的表决，却伤及了孩子的自尊，葬送了孩子的性命，这也突显了我国部分地区教育理念落后，教育体制陈旧。青少年时期，学生对事物的判断比较片面，对事件后果的估计不充分，其个人观点容易受到外界因素的影响，难免做出不恰当的决定，学校和教师必须加以正确引导，避免学生误入歧途。

2. 安全建议

（1）面对冷暴力，以冷制冷是个治标不治本的方法。

（2）当遇到冷暴力时，一定要积极解决，切莫逃避。

（3）多做换位思考，站在对方的角度看问题，多一些体谅和理解。

（4）严于律己，友善待人，和周围同学处好关系。

（5）多参加集体活动，感受集体活动带来的快乐，增强归属感和认同感。

冷暴力的危害

学生的自信心被扼杀，往往对学校环境失去兴趣甚至抵触，形成不良的性格，导致心理疾病，通常会发展成为“你们不理我，我也不理你们”的状况，逐渐养成孤僻的性格，反过来更不被大家接受。与老师或同学们产生感情上的鸿沟，有时会发展成为对立甚至仇视的关系状态，极端条件下会衍生出肢体暴力。

3. 应对措施

如遭遇同学的冷暴力，首先要弄清楚其中的原因，再找他人沟通，解除误会；如果自己无法解决，可以求助班主任或心理老师，向他们说明原因，在他们的帮助下，伺机和同学们进行沟通。如遭遇老师的冷暴力，要清楚自身的问题出在哪里，及时跟老师进行沟通，也可以采用信件或短信的方式沟通，若感觉无法解决，可以向其他熟悉的老师或家长求助。

四、网络暴力

网络暴力是指通过网络发表具有攻击性、煽动性、侮辱性的言论，这些言论打破道德底线，造成当事人名誉受损。网络暴力不同于现实生活中拳脚相加、血肉相搏的暴力行为，而是借助网络的虚拟空间，用语言、文字、图像等对他人进行讨伐和攻击。例如对事件当事人进行“人肉搜索”，将其真实身份、姓名、照片、生活细节等个人隐私公布于众。时常使用攻击性极强的文字，甚至使用恶毒、残忍、不堪入目的语言，严重违背人类公共道德和传统价值观念。这些评论和做法，不但严重地影响了事件当事人的精神状态，更破坏了当事人的工作、学习和生活秩序，甚至造成更加严重的后果。

网络暴力是“舆论”场域的群体性纷争，以道德的名义对当事人进行讨伐，可以说是网络自由的异化，这无疑阻碍了和谐网络社会的构建。与现实社会的暴力行为相比，网络暴力参与的群体更广，传播速度更快，因此某些意义上说，可能比现实社会的暴力产生的危害更大。网络暴力的产生虽然时间不长，但是危害大、影响范围广，而且蔓延趋势严重，所以说网络暴力也是一种严重的犯罪。

网络暴力

网络暴力可以分为几类，从形式上可以分为以文字语言为形式的网络暴力和以图画信息为形式的网络暴力，往往后者造成的危害更加严重；从性质上可以分为非理性人肉搜索和充斥谣言的网络暴力；从作用方式上可以分为直接攻击和间接攻击，对当事人来说，直接攻击会在短时间内造成严重的困扰。

1. 案例警示

2015 年 9 月，一位女生在微博上贴出来几张殴打同学并让她下跪的照片。照

片中可以看出有四名女孩将一名女孩围在中间，还有一名男孩在旁边用手机拍摄。因为跟帖的网友说这些照片“太暴力”，女生将微博上的照片删除，但是宣称“爱我的人不解释”，并表示“今天很刺激”。

案例解析

殴打同学本身就是肢体暴力，已经对受害者造成了身体上的伤害，又在网络上贴出施暴照片，无异于火上浇油，不但给受害者的心理增添了更加巨大的伤害，而且对学校、家庭和社会都造成了极为恶劣的影响。贴图同学非但不生怜悯、同情之心，反而认为这样的做法很刺激，足见其变态心理，如果不及时予以调教，很可能做出更加出格的事情，甚至沦为社会渣滓，自毁前程。

案例回放

2013 年 9 月 16 日，美国佛罗里达州一名 12 岁女孩丽贝卡·安·瑟迪维克，因不堪承受在社交媒体上连续数月遭到其他女孩的恶意攻击，最终选择在一个废弃的水泥厂中跳楼自杀。她的母亲说，女儿曾收到“你很丑”“你为什么还活着”这样的短信。虽然母亲后来把她的手机没收，并把她的 Facebook 账号关闭，但还是没能挽救丽贝卡。警察局长贾德在记者会上说：“当局已确认 10 多名涉及欺凌丽贝卡的女生的身份。她们同样是女生，而且也是十几岁的年纪。”

案例解析

网络暴力问题体现在很多方面，比如网络谣言、网络人身攻击等，与网络发展历程及特性密切相关。网络出现以前，信息发布与传播基本上是单向的，人们的信息交流手段比较单一，信息沟通平台基本处于可以确认个人身份的状态，人们往往也会顾虑交流对象的感受。而网络出现以后，从有限空间变成了开放空间，匿名、互动的方式使得人们淡化了责任意识，对在开放空间中言语表达肆无忌惮，容易将网络变成个人声音的放大器和情绪宣泄的工具。

2．安全建议

（1）不要将匿名的网络社交平台变成个人情绪的发泄地。

(2) 严于律已，恪守社会公德，在网上不发表过激和失实的言论。

(3) 理性看待网络攻击，不要受到不当言论的影响。

(4) 注重保护个人隐私，加强个人网络信息的保密措施。

(5) 在遭遇网络攻击时，可以暂时关闭或注销该网络通信账号。

(6) 当个人权益受到侵害时，要拿起法律的武器保护自己或反击他人。

追溯中国的“网络暴力”

中国的“网络暴力”问题，至少可以追溯到2001年美国“9·11”事件发生的次日。当时，一些青年网民以异乎寻常的言论表达自己对现实暴力与血腥的倾慕。

3. 应对措施

青少年学生坚决不能成为网络暴力的参与者，不发布或传播过激、不当、不实言论，对网络中的是非之事不妄加评论，以免成为网络暴力的目标。如果正遭遇此类事件的困扰，切莫以暴制暴，更不能受此影响而心灰意冷，甚至走上绝路，一定要冷静思考、理性对待，通过暂时关闭或注销该网络通信账号、要求对方撤销或删除不当信息、要求对方公开辟谣、向家人或老师求助、报警等方式保护个人权益。

本节思考题

(1) 自己是否正在或曾经遭受校园暴力？应该如何解决？

(2) 你是否曾经在不经意间实施或者参与了某些校园暴力？如果有应该怎样改正？

(3) 当你察觉到校园暴力正在发生，作为旁观者你应该怎么做？

第三节　校园盗窃

校园盗窃案件是指以学生的财物为侵害目标，采取秘密的手段进行窃取并实施占有行为的案件。盗窃犯罪是校园中常见的一种犯罪行为，其危害是不言而喻的。本节以学生宿舍为重点，简要介绍校园盗窃案件的表现形式、基本特征以及预防措施，以提高学生特别是新生的防范意识，加强对自身财物的保管，不给犯罪分子可乘之机，从而减少盗窃发案，避免财产损失。

校园盗窃案件的主要形式有三种，即内盗、外盗、内外勾结盗窃。内盗是指学校内部人员实施的盗窃行为。根据有关资料统计，在校园发生的盗窃案件中，内盗案件占一半以上。作案分子往往利用自己熟悉盗窃目标的有关情况，寻找作案最佳时机，因而易于得手。这类案件具有隐蔽性和伪装性。外盗是相对内盗而言的，是指校外社会人员在学校实施的盗窃行为。他们利用学校管理上的疏漏，冒充学校人员或以找人为名进入校园内，盗取学校资产或师生财物。这类人员作案时往往携带作案工具，如螺丝刀、钳子、塑料插片等，作案时不留情面。内外勾结盗窃是学校内部人员与校外社会人员相互勾结，在学校内实施的盗窃行为。这类案件的内部主体社会交往比较复杂，与外部人员都有一定的利害关系，往往结成团伙，形成盗、运、销一条龙。

校园盗窃

一般盗窃案件都有以下共同点：实施盗窃前有预谋准备的窥测过程；盗窃现场通常遗留痕迹、指纹、脚印、物证等；盗窃手段和方法常带有习惯性；有被盗窃的赃款、赃物可查。由于客观场所和作案主体的特殊性，校园盗窃案件还有以下特点。

（1）时间上的选择性。作案人为了减少违法犯罪风险，在作案时间上往往进行了充分的考虑，因而其作案时间大多在作案地点无人的空隙实施盗窃。

（2）目标上的准确性。校园盗窃案件特别是内盗案件中，作案人的盗窃目标比较准确。由于大家每天都生活、学习在同一个空间，加上同学间互不存在戒备心理，东西随便放置，贵重物品放在柜子里也不上锁，使得作案分子盗窃时极易得手。

（3）技术上的智能性。在校园盗窃案件中，作案主体具有特殊性，高智商的人较多，校园盗窃有的本身就是学生。在实施盗窃过程中对技术运用的程度较高，自制作案工具效果独特先进，其盗窃技能明显高于一般盗窃作案人员。

（4）作案上的连续性。“首战告捷”以后，作案分子往往产生侥幸心理，加之报案的滞后和破案的延迟，作案分子极易屡屡作案而形成一定的连续性。

一、案例警示

案例回放

某中职学生聂某在学校附近网吧上网时结识了周边无业青年蔡某，并很快成为好朋友。一天蔡某问聂某有没有什么搞钱的方法，聂某说自己学校自行车好搞，并答应自己在本系同学中低价销售自行车，蔡某当然高兴，于是很快达成一致。蔡某用同样的方法在不远的另一学校又找到了郭某，三人臭味相投立刻行动，三天工夫聂某搞到了 8 辆自行车交给蔡某，蔡某又交给聂某由郭某转移过来的 5 辆自行车销售。几天时间内两个学校被闹得人心惶惶，好在案件很快被侦破，三人也得到了应有的惩罚。

案例解析

处于中职年龄的学生，法律意识淡薄，思考问题比较简单，对违法行为的后果缺少判断力，容易被社会上的不法分子所利用，成为非法行为的参与者。另外，身处校内的学生，对于财物的保管比较随意，防范意识不强，给作案分子创造了可乘之机。

案例回放

某中职学生李某报案称她在建设银行的存款 3800 元被人分四次盗取了 3700 元，经过调查认定作案嫌疑人为桂某。桂某与李某同住一寝室，平时关系不错，在一次结伴到银行取钱的过程中，有心的桂某记住了李某的银行卡密码，于是伺机作案并得手。

案例解析

盗窃分子往往针对不同环境和地点，选择对自己较为有利的作案手段，以获得更大的利益。俗话说："日防夜防，家贼难防。"身边的人更加了解自己，也最容易被忽视，所以盗窃更容易得手。青少年学生除了要加强防范意识，还要严于律己，不贪图钱财，不投机取巧，靠个人努力去实现目标。

《菜根谭》警语害人之心不可有，防人之心不可无，此戒疏于虑者。

二、安全建议

（1）居安思危，提高自我防范意识。

（2）严于律己，遵守学校安全规定。

（3）提高修养，养成良好生活习惯。

（4）谨慎交友，防止引狼入室，甚至同流合污，成为盗贼的帮凶。

（5）大额现金不要随意放在身边，应就近存入银行，同时办理加密业务，最好不将自己的生日、手机号码、学号等作为银行卡的密码，防止被他人发现盗取。

（6）将手机、银行卡、身份证等分开存放，以免同时丢失。

（7）贵重物品如笔记本电脑、照相机等，不用时最好锁起来，以防被顺手牵羊者盗走。

（8）爱护公共财物，保护门窗和室内设施完好无损，随手关窗锁门。

（9）不随意留宿他人，警惕陌生人。

（10）离开宿舍时，要养成随手关门的习惯，最后离开宿舍的人要锁好门。处于低楼层的宿舍还要锁好窗户，以免被盗窃分子从窗外“钓鱼”。

（11）乘坐公共交通工具时，不要挤在车门口，要尽量往车厢里走。

（12）不要在公共交通工具上聚精会神地做某件事，更不能熟睡。

（13）公交换乘站、火车站、景点售票处附近等人多拥挤的地方是盗窃犯罪的多发地，在此类地区应提高警惕。

（14）注意保护好钱物，背包、手提包等最好放在自己视线范围内。不要在裤子兜里放钱物，不要将钱包放在较浅的口袋里。不要将现金和各种证件、身份证放在一个钱包或一个口袋里。

（15）遇到陌生人问路或推销产品时，要注意拿好自己的随身物品，切忌放在身后或侧面，切勿让陌生人看管自己的财物。

三、应对措施

当自己的财物被盗时，不要惊慌失措，大张旗鼓，要沉着冷静，仔细回忆相关线索，同时注意保护现场，寻找有力证据，及时向学校保卫处报案或拨打 110 报警。如果周围有监控，可以求助保卫处调取录像资料查看。如果发现自己的手机、证件、银行卡等被盗，应立即挂失，避免发生更大的损失。

本节思考题

(1) 校园盗窃的主要形式有哪些？

(2) 校园盗窃的特点有哪些？

(3) 自己的财物被盗窃后，应该怎么办？

第四节　校园诈骗

近年来，校园诈骗案件频发，各类骗术层出不穷，严重扰乱了受害者的学习和生活。由于诈骗分子使用的手段不断翻新，使得单纯的学生防不胜防，校园诈骗的主要手段有以下几种：一是利用虚假身份行骗。诈骗分子往往利用虚假身份与学生交往，骗取学生的信任，诈骗得手后随即失去联系。二是投其所好，引诱学生上钩。一些诈骗分子往往利用学生急于就业、创业、出国等心理，投其所好、应其所急，施展诡计骗取财物。三是利用假合同或无效合同进行诈骗。一些骗子利用中职学生经验少、法律意识差、急于赚钱补贴生活的心理，常以公司名义让学生为其推销产品，事后却不兑现酬金而使学生上当受骗。四是以借钱、投资等为名实施诈骗。有的骗子利用学生的同情心骗取钱财，有的骗子利用学生急于求成的心理，以高利投资为诱饵，使学生上当受骗。五是以次充好，恶意行骗。一些骗子利用学生“不识货”又追求物美价廉的特点，上门推销各种产品而使学生上当受骗。六是骗取中介费。诈骗分子往往利用学生勤工俭学或找工作的机会，用推荐工作单位等形式，骗取介绍费、押金、报名费等。七是骗取学生信任后伺机作案。诈骗分子常利用一切机会与学生拉关系、套近乎，骗取信任后寻找机会作案。以上种种手段都是利用了学生的弱点，骗取钱财。

校园诈骗

一、案例警示

新生杜某开学报到，在办理校园卡充值的时候遇到一个自称学长的老乡，刚到学校就遇到老乡让杜某很是欣喜。一通攀谈后，“学长”神秘地告诉杜某有办法在校园卡充值上做文章，充一百得两百，杜某信以为真，就将银行卡号和密码等告知“学长”，一通电话操作后果然校园卡上多出了一倍的金额。正当杜某还在对“学长”的恩情心存感激的时候，手机提示银行卡上的3000多元都被提取了，而此时“学长”也不见了踪影。其实根本不存在这种所谓的便宜，骗子用了很少的金钱为代价，骗得杜某的身份证号、银行卡号、密码等信息，通过网络转账将卡上的资金盗取。

针对新生的诈骗是校园诈骗最常见的类型，诈骗者通常利用新生刚到一个新的地方环境不熟悉的特点，谎称老乡、学长等身份进行财物的诈骗。针对这一情况，我们可以采取的预防措施有：严格按校方新生守则进行相关准备工作，不要相信所谓捷径的存在；不贪便宜，特别是新交的朋友如果将更多的交往内容转移到财物上，一定要提高警惕；对新环境的了解要通过正确的渠道，比如辅导员或班主任等。

案例回放

2003年9月19日晚8时许，某中职学校2003级学生林某在教学楼前遇到两位（一男一女）自称南京某大学学生的年轻人，二人称到广州散心，钱已用完，想借林的银行卡转账。林不同意，他们便提出将一部“三星”手机抵押给林某，向林某借1000元人民币，第二天来还钱赎机，林某借给了他们500元人民币，他们便留下一部“三星”手机后溜走了，林后来发现此手机是与真实手机同等质感的假手机。

利用同情心诈骗是校园诈骗另一种常见的手段，诈骗者通常利用学生涉世不深，思想相对简单，编造故事博取对方的同情，达到骗取对方财物的目的，更有甚者针对女学生是为了达到猥亵、性侵等目的。

二、安全建议

（1）帮助陌生人要讲究方法，绝不能因为好面子而将自己的财物交其处理，或跟随陌生人去往陌生的地点。

（2）不要将个人有效证件借给他人，以防被冒用。

（3）不要将个人信息资料如银行卡密码、手机号码、身份证号码、家庭住址等轻易告诉他人，以防被人利用。

（4）切不可轻信张贴广告或网上勤工助学、求职应聘等信息。

（5）不要相信天上掉馅饼的事情，馅饼下面通常覆盖着一个陷阱。

（6）与人相处目的要纯正，以高利投资、贪图享乐为目的往往会被人设局。

（7）养成“做决定前想三分钟的习惯”，或者和自己的挚友、老师商量一下，减少未知风险。

（8）不要相信网络中所谓的非常渠道的货源，便宜的背后往往就是骗人的把戏。

（9）到正规的网店、购物平台进行购物，不浏览如“翻墙网站”“色情网站”“博彩网站”等非法网站。

（10）不要相信所谓的内幕消息，对方想的可能只是赚取你的入会费。

（11）通过正规的招聘网站或招聘会寻找工作机会，事先调查了解招聘企业的基本信息。

（12）遭遇要求缴纳各种费用的招聘企业要及时警醒，多数都是骗子公司。

（13）不要借助所谓的路子、关系、潜规则找到想要的工作。

警方防诈骗口诀

看病消灾讲迷信，不要相信陌生人；

丢包分钱是陷阱，天上不会掉馅饼；

兜售抵押全都假，别听骗子说瞎话；

家庭情况要保密，不明来电多警惕；
贪图便宜要不得，千万不能换外币；
短信诈骗花样多，不予理睬准没错；
网络购物要小心，反复要钱是圈套；
飞来大奖莫惊喜，让您掏钱洞无底；
专利转让别轻信，全面验证多核实；
汽车退税有猫腻，骗取存款是目的；
买药看病到医院，保您平安不被骗；
遇人向您借手机，始终留意别远离。

三、应对措施

当自己的钱财被诈骗分子骗取后，应立即报警，保存好与骗子间聊天的记录、交换的物件等，并向警方提供有利线索，同时不要打草惊蛇，以免骗子逃之夭夭。如果被骗钱财数额较小，可先寻求学校保卫处、老师或家长的帮助，切莫借用“破财免灾“无关痛痒”的想法隐瞒了事，从而放纵诈骗分子。

（1）诈骗分子的主要诈骗手段有哪些？
（2）如果遭遇诈骗我们应该怎么做？

第五节　主要传染病的预防

传染病是由病原体微生物（病毒、立克次体、细菌、螺旋体等）感染人体后产生的有传染性的疾病，传染病的流行需要三个基本条件：传染源、传播途径、易感人群。学校是一个特殊场所，学生群体具有明显的聚集性、流动性和社会性，集体活动造成聚集，相互之间接触频繁，为传染病的传播提供了有利条件，因此学校成为传染病高发的场所。据中国疾病预防控制中心 2013 年公布数据显示：学校传染病事件占全国传染病事件的 64%左右。

教室消毒

一、案例警示

2013 年 10 月，北京市某中职学校学生张某，因季节交替昼夜温差大而患上感冒。起初病情并不严重，该生没有重视，也没有采取必要的防护措施，结果感冒病毒在宿舍及班级内大规模传播，最终导致班内三分之二以上的学生被传染。

戴口罩防飞沫传染

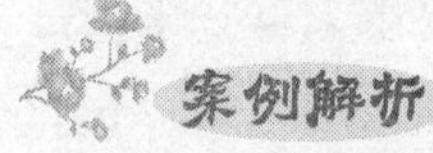

流感最容易在季节交替时发生，主要通过患者的飞沫传播。流感患者说话、打喷嚏时喷出的飞沫，在被人们吸入呼吸道后，非常容易引起呼吸道感染，并由此患上流行性感冒。所以，流感患者应及早到医院接受治疗，出门应戴上口罩，在打喷嚏或者咳嗽时，应用手帕或纸巾掩住口鼻，避免飞沫沾染他人。

在一次住院检查中，“90后”女孩小雨被告知感染了艾滋病，而这次生病就是因艾滋病病毒引起的。在被问到是怎么感染时，小雨一头雾水。在排查后，小雨坦言她曾结交过3个男朋友，都发生过性关系，最后确定是被已经失踪的第二任男朋友传染的，而这个男朋友曾经有吸毒史。

艾滋病是因感染人类免疫缺陷病毒（HIV）所致的严重细胞免疫功能缺陷的一种致命性传染病。世界卫生组织2013年发布的《全球青少年健康状况》指出，艾滋病已经成为青少年的第二大死因。在中国，性传播和毒品注射传播已占新发感染的90%，艾滋病病毒的传播在年轻人中间也呈上升趋势。因此，在与男（女）朋友交往时，应该多一些自我保护意识，采取安全措施，不要抱有侥幸心理，得不偿失。

二、安全建议

（1）除学习、娱乐之外，积极参加体育锻炼，避免过长时间宅于宿舍或图书馆，要积极走出室外，参加运动，增强体质。

（2）养成良好的卫生习惯，不与其他同学混用毛巾、牙刷等洗漱用品，尽量不混穿衣服。

（3）饭前便后要洗手，勤洗内衣内裤，勤晒被褥。

（4）寝室里要时常通风，保持室内空气流通。注意室内环境卫生，不要给蟑螂、老鼠留下生存的机会和条件。

（5）了解传染病知识，一旦发现同学感染传染病，要马上报告学校或医疗机构，如果自身发现类似症状应立即到医院检查，同时不要参加任何群聚性的活动，减少传染机会。

（6）性传播是很多接触类传染病的传播途径，在性行为中务必采用安全措施保护，如安全套等。在此提倡：洁身自爱，拒绝婚前性行为的发生。

（7）生病时要到正规的诊所、医院，不到医疗器械消毒不可靠的医疗单位特别是个体诊所打针、拔牙、针灸、手术等。不用未消毒的器具穿耳孔、文身、美容等。

（8）不与他人共用可能与血液及体液接触的私人物品，如牙刷、剃须刀等。

传染病预防口诀

勤洗手、晒衣被、吃熟食、喝开水、常通风、不扎堆。

三、应对措施

定期接受身体健康检查，接种相关传染病疫苗。若发现相关病情，应立即到医院接受治疗，做到“早治疗、早控制、早报告”，及时控制传染源，切断传播途径；同时，避免产生恐慌情绪，保持心情愉悦，以积极的心态对抗疾病。

(1) 当呼吸系统传染病暴发时我们应该如何保护自己不被感染？

(2) 艾滋病的传播途径是什么？如何保护自己不被感染？

(3) 乙肝病毒会因为握手、拥抱而互相传染吗？

第三章 饮食与卫生安全

“国以民为本，民以食为天，食以安为先”道出了饮食与卫生安全的重要性。我国是世界上美食最丰富的国家，然而食品卫生常常令人失望，时而发生危害国人健康的事件，例如“苏丹红鸭蛋”“瘦肉精”“地沟油”等，让人们在一些美食面前望而却步。美食给我们带来了无限享受与乐趣，但在享受美食带来惬意的同时，我们还要谨记“病从口入”的危害。很多疾病都与不科学、不合理饮食习惯有关，尤其是容易引起过敏和中毒的食物，一旦误食，后果将不堪设想。青少年对于饮食安全与卫生不能掉以轻心，要了解一些相关食品安全科学知识，建立食品安全方面独立、科学的判断能力，还要做到不食用对人体健康造成急性、亚急性或者慢性危害的食品。

第一节 饮水安全

水是生命的源泉，随着水处理技术的不断提高，我国居民饮用水的水质逐步得到改善，但由于种种原因，某些生活用水仍存在很多的不安全因素，尤其是入户终端的自来水问题更为突出。中国医促会健康饮水专委会主任李复兴教授指出：自来水的污染已经是全球性难题，很多国家包括欧美发达国家在内，都面临这一困境。而我国由于工业化初期对环保不够重视，水污染的情况更不容乐观。青少年要能正确地选择安全饮用水，做到科学饮水，避免饮水对健康造成不良危害。

一、案例警示

2000 年 9 月 28 日下午，柳铁防疫站接到柳铁局成人中专报告，该校当天饮用开水异常，口感略有酸甜味，用开水泡的茶水颜色较平时明显异常。实验人员迅

速赶到现场调查，采取上午、下午两炉开水样品及炉前自来水返回实验室。经实验室排查分析，该污染事故为锅炉软水剂即纯碱所致，该校开水桶的自来水充入桶后，通过燃烧锅炉产生的大量蒸汽经管道导入开水桶内直接加热成开水。如果锅炉水中含过量纯碱，当锅炉水处于高水位时，锅炉水中的碱就可以随水蒸气一起冲入开水，致使开水受污染。

案例解析

很多学生都会认为在学校喝锅炉房烧的开水是最安全的。其实不然，提醒青少年在学校期间注意饮水安全，一旦发现饮用水颜色、口感、气味等发生异常时要提高警惕，及时向学校有关部门反映，避免自己及他人饮用有毒害的水。

案例回放

2015 年 6 月 13 日下午，刘刚与同学约好了打篮球，但突然有些腹泻。因为好面子，刘刚忍着腹痛坚持赴约。不知不觉他们就打了两小时的比赛，刘刚虽略显疲惫但为了本队胜利仍努力拼搏，在他跳投得分后，突然感觉全身无力、瘫倒在地。后经医生诊断，刘刚因为腹泻和大量出汗导致脱水。

案例解析

饮水不足或丢失水过多，均可引起体内失水。在正常生理条件下，人体通过尿液、粪便、呼吸和皮肤等途径丢失水，这些失水可通过足量的饮水来补偿。还有一种是病理性水丢失，如腹泻、呕吐等，这些水丢失严重的情况下就需要临床补液来补充。刘刚出现腹泻没有引起注意，病理性丢失水和皮肤大量出汗丢失水，加上大强度运动，导致其最后出现脱水。

运动后要及时补水

二、安全建议

（1）不饮用超过三天的“凉白开”，储存过久的凉白开容易被细菌污染，在细菌作用下，亚硝酸盐也会与日俱增。

（2）饮水前要注意水质感官性状，即水的外观、色和气味，发现异常要提高警惕，避免误饮有毒有害水质。

（3）注意饮水机的日常消毒和清洁。

（4）热水壶中的水碱要及时清理。

（5）如装修改造用水设施，应选用饮用水专用管材。

（6）家里的自来水不能直接饮用，需烧开后饮用。

（7）要科学饮水。饮水要少量多次、主动，不能等感到口渴再喝水，饮水最好选择白开水；在运动时可以每 20～30 分钟喝一次水，每次喝 120～240 毫升。如果运动量很大，最好喝一些淡盐水或运动饮料。

白开水是最好的饮料

白开水不含卡路里，不用消化就能为人体直接吸收利用，促进新陈代谢，增进免疫功能，提高机体抗病能力。习惯喝白开水的人，体内脱氧酶活性高，肌肉内乳酸堆积少，不容易产生疲劳。

白开水是最好的饮料

三、应对措施

饮用水出现异常情况后要：

(1) 立即拨打 96301 热线向卫生监督部门报告情况。

(2) 在卫生监督部门的指导下妥当用水，或停止用水。

(3) 用干净容器留取 3～5 升水作为样本，提供给卫生检测部门。

(4) 如不慎饮用了被污染的水，应密切关注身体有无不适，如出现异常，应立即到医院就诊。

(5) 一旦停水，则需要在接到政府部门有关水污染问题被解决的正式通知后，才能恢复使用。

(1) 你口渴至极，回到宿舍发现桌上放着一瓶开盖的矿泉水，你会怎么做？

(2) 饮用水出现异常情况该怎么办？

第二节　食品卫生

世界卫生组织对食品卫生的定义是：在食品的培育、生产、制造直至被人摄食为止的各个阶段中，为保证其安全性、有益性和完好性而采取的全部措施。食品安全事故是食物中有毒、有害物质对人体健康造成影响的公共卫生问题。食品中可能存在的有害因素按来源分四类：一是食品污染物。在生产、加工、储存、运输、销售等过程中混入食品中的物质；二是食品添加剂。为改善食品色、香、味等品质，以及为防腐和加工工艺的需要而加入食品中的人工合成或者天然物质；三是食品中天然存在的有害物质，如大豆中存在的蛋白酶抑制剂；四是食品加工、保藏过程中产生的有害物质，如酿酒过程中产生的甲醇、杂醇油等有害成分。食品卫生安全直接关系到青少年健康，青少年要了解食品卫生安全知识，养成良好的习惯。

一、案例警示

2015 年 1 月 15 日下午 2 时，成都市食品药品监督管理局在接到举报后，对成

都市实业街一家火锅店进行了食品卫生安全突击检查。检查的过程中，食药监部门的工作人员发现这家火锅店没有定期对冰柜进行消毒，菜品也没有按照要求存放，除此之外，该火锅店还存在着一些卫生防疫不达标的现象，如店内有老鼠屎。最后，工作人员从堆放在厨房地上的陈汤老油锅底提取了一些样品回去检验，对此火锅店店进行罚款，并责令改正。

吃火锅注意锅底卫生

案例解析

火锅是中国独创的美食，近些年网络爆出的火锅食品卫生问题不计其数，有消毒不合格、废弃油脂处理不明确的，还有腐竹添加吊白块，牛杂、猪杂检出甲醛的，更有用几滴“香油精”和“火锅红”，辅以基本辅料做火锅底料的。青少年要有辨别能力，还要有自控能力，尽量不去或少去便宜的自助火锅餐饮店就餐。

案例回放

徐丹在回学校的路上，很远就闻到香喷喷的烤红薯味道，正好自己肚子也饿了，就准备买两块吃。在小贩称红薯的空当，徐丹无意发现烤红薯铁桶上赫然印着“石油”两字，虽然小贩有意用编织袋掩饰了，但还是能辨别出来。徐丹心想这不是毒桶烤出来的红薯吗，于是就问小贩，“你烤红薯用的桶哪里来的?”小贩直言不讳地告诉他，是从废品站收购的，并一再承诺他洗干净了。徐丹最后以没带钱为由，赶紧离开了。

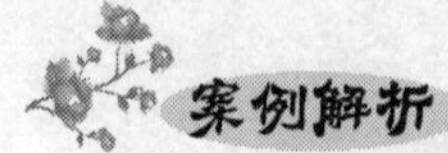

细心的人仔细观察就会发现，街边烤红薯用的铁桶炉大多是化工原料废桶改制的，不少化工原料含有可能危害人体健康的成分，有些在高温条件下慢慢挥发，附在红薯表皮，很不卫生。另外，燃烧碳中的有毒物质会污染食物，街边的烤红薯也没有任何防尘卫生设施，还有甚者用变质红薯烤制，吃了不仅会影响健康，还有可能造成急性中毒。建议青少年不要随意吃路边饮食。

二、安全建议

1. 就餐卫生

（1）养成饭前、便后洗手的好习惯，还要经常剪指甲，降低病从口入的风险。

（2）自己的餐具要洗净消毒，不用不洁净的餐具盛装食品。在外用餐注意餐具卫生，经过消毒处理的餐具具有光、洁、干、涩的特点。塑料包装的套装小餐具，应标明餐具清洗消毒单位名称、详细地址、电话、消毒日期、保质期等。

注意饮食安全

（3）要选择有许可证、信誉等级较高的餐饮服务单位，还要观察餐馆是否超负荷运营，超负荷运营会导致超负荷加工，给食品安全埋下隐患。

（4）辨别食物状况是否变质，是否有异物或异味。颜色异常鲜艳的食物，可能是添加了非食用物质或超量、超范围使用食品添加剂。

（5）不吃违禁食品，少吃或不生食海产品。

（6）夏季避免过多食用凉拌菜等易受病原菌污染的高风险食物。

（7）胃肠道功能欠佳，应避免食用冷饮、海鲜、辛辣、高蛋白等刺激胃肠道或不易消化的食品。

(8) 注意饮食卫生，尽量少吃路边摊。

2. 小食品卫生

(1) 选用大企业做出来的食品。

(2) 到正规商店、超市购买食品。

(3) 购买零食时要注意包装上的标识是否齐全。

(4) 仔细查看食品成分表中注明的成分，尽量不要食用含有防腐剂、色素的食品。

(5) 正确辨认各类标志。QS 是 Quality Safety（食品安全）的缩写，带 QS 标志产品代表已经国家批准。

(6) 打开包装后，不要着急吃，要先检查食品是否具有正常外观感应，不食用腐败变质、霉变、生虫、混有异物等的食品。

(7) 买散包装食品，要看经营者的卫生状况，注意有无健康证、卫生合格证等。

(8) 理性购买“打折”“低价”“促销食品”。

(9) 要妥善保存好购物凭据，以便发生消费争议时能够提供证据。

(10) 不盲从广告，广告宣传并不代表科学。

“七防”判断伪劣食品

(1) 防“艳”。对颜色过分艳丽的食品要提防，可能是添加了大量色素所致。

(2) 防“白”。凡是食品呈不正常不自然的白色，大多是因为加了漂白剂、增白剂、面粉处理剂等化学品。

(3) 防“长”。尽量少吃保质期过长的食品。

(4) 防“反”。就是防违反自然生长规律的食物，如果食用过多可能对身体产生影响。

(5) 防“小”。要提防小作坊式加工企业的产品，大部分触目惊心的食品安全事件出现在这些企业。

(6) 防“低”。即食品在价格上明显低于同类正规食品，这种食品大多都有“猫腻”。

(7) 防“散”。即防范散装食品，有些集贸市场销售的散装豆制品、散装熟食、酱菜等尽量少吃。

三、应对措施

如果食用某种食品后感觉身体不适，一定要及时就医，以免发生更大的伤害。就餐时发现食品卫生问题，要立即停止用餐，可通过拨打投诉电话 12331 对餐饮单位进行投诉举报，也可通过登录国家食品药品监督管理总局行政事项受理服务和投诉举报中心网站（12331.org.cn）进行投诉举报和查询。

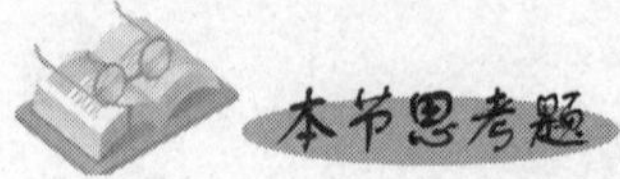

（1）选用小食品时应注意哪些事项？

（2）就餐时发现食品卫生问题应如何处理？

第三节　食物中毒

食物中毒指摄入含有生物性、化学性有毒有害物质的食品，或者把有毒有害物质当成食品摄入后所引起的非传染的急性、亚急性疾病。食物中毒事件时有发生，仅 2014 年，我国卫计委就收到 26 个省区市的食物中毒类突发公共卫生事件报告 160 起，中毒 5657 人，其中死亡 110 人。学校食堂是事故报告较多的场所，所以青少年掌握食物中毒的预防与自救常识非常重要。

一、案例警示

2015 年 12 月 2 日晚，东北大学有学生到校医院就诊，症状为不同程度的腹泻，个别学生出现呕吐。截至 12 月 3 日上午 9 时，有 8 人留院观察，没有出现严重症状。学校第一时间与疾控中心取得联系并进行了流行病学调查。同时，还积极采取防范措施，在市场监督管理部门指导下，连夜对食堂环境、工具容器进行彻底消毒，对食品卫生进行严格检验，确保师生饮食安全。

食物中毒临床表现为上吐、下泻、腹痛为主的急性胃肠炎症状

食物中毒一般具有潜伏期短、时间集中、突然爆发、来势凶猛的特点，临床上表现为上吐、下泻、腹痛为主的急性胃肠炎症状，严重者可因脱水、休克、循环衰竭而危及生命。青少年一旦发生食物中毒，千万不能惊慌失措，应冷静地分析发病的原因，及时就医或采取催吐、导泻、解毒的措施。

2012 年 11 月 3 日，彭女士在富民县城一家小吃店里买了六两油炸螃蟹回家。晚上，母子俩吃过螃蟹不久便睡下了，第二天凌晨 3 点左右，彭女士和儿子都出现了肚子疼、腹泻、头昏和呕吐的症状。彭女士丈夫下班回家后，立即将母子俩送往富民县医院抢救。不幸的是，彭女士在当天经抢救无效死亡，小杰被转到昆明医学院第二附属医院抢救，最终脱离了生命危险。

案例解析

螃蟹在垂死或已死时，体内的组氨酸会分解产生组胺，组胺是一种有毒物质，即使螃蟹煮熟，这种毒素也很难被破坏，人在食用后，会出现恶心、呕吐、腹痛、腹泻等症状，严重者会上吐下泻，人体因失水过多导致虚脱，甚至威胁生命。案例中彭女士和小杰就是食用了没有质量保证的螃蟹而发生食物中毒，最终导致彭女士丢失性命。提醒青少年不食用不新鲜、未煮熟的螃蟹，至于死、腐烂的螃蟹更是不能食用。

二、安全建议

1. 预防细菌性食物中毒

细菌性食物中毒是指进食含有细菌或细菌霉素的食物而引起的食物中毒。预防要做到：

（1）避免熟食品受到各种致病菌污染。如避免生食品与熟食品接触，经常洗手，防止尘土、昆虫、鼠类及其他不洁物污染食品。

（2）控制适当温度，保证杀灭食品中微生物或者防止微生物生长繁殖。如加热食品应使中心温度达到 70℃以上。

生熟食品不要共用同一砧板、餐具

(3) 尽量缩短食品存放时间，不给微生物生长繁殖的机会。

(4) 不购食无卫生许可证和营业执照的小店或路边摊上的食品。

2. 预防化学性食物中毒

化学性食物中毒是指误食有毒化学物质，如鼠药、农药、亚硝酸盐等，或食用被其污染的食物而引起的中毒。预防化学性中毒建议：

(1) 严禁食品储存场所存放有毒、有害品及个人生活物品。鼠药、农药等有毒化学物品要标签明显。

(2) 不随便食用来源不明的食品。

(3) 蔬菜加工前要用清水浸泡 5～10 分钟，再用清水反复冲洗，一般要洗三遍。

(4) 水果宜洗净后削皮食用。

(5) 手接触化学物品后要彻底洗手。

(6) 苦井水（亚硝酸盐含量过高）勿用于煮粥，尤其勿存放过夜。

(7) 不吃添加了防腐剂或色素而又不能确定添加量的食品。

(8) 食堂应建立严格安全保卫制度，防止坏人投毒。

3. 预防有毒动植物中毒

有毒动植物中毒是指误食有毒动植物或摄入因加工、烹调方法不当未除去有毒成分动植物食物所引起的中毒。易引起食物中毒的食物有：

(1) 四季豆。未熟的四季豆含有皂甙和植物凝血素可对人体造成危害，如进食未烧透的四季豆可导致中毒。

(2) 生豆浆。生大豆中含有一种胰蛋白酶抑制剂，进入机体后抑制体内胰蛋白酶的正常活性，并对胃肠有刺激作用。

(3) 发芽马铃薯。马铃薯发芽或者变绿时，其中的龙葵碱大量增加，烹调时又未能去除或破坏掉龙葵碱，食后容易发生中毒。

(4) 河豚。河豚的某些脏器及组织中均含河豚素毒，其毒性稳定，经炒煮、盐淹和日晒等均不能破坏。

（5）有毒蘑菇。我国有可食蘑菇 300 多种，毒蘑菇 80 多种，其中含剧毒素的有 10 多种，常因误食而中毒。

（6）蓖麻子。蓖麻子含蓖麻毒素、蓖麻碱和蓖麻血凝素 3 种毒素，以蓖麻毒素毒性最强。1 毫克蓖麻毒素或 160 毫升蓖麻碱可导致成人死亡。

（7）马桑果。又名毒空木、马鞍子、黑果果、扶桑等，其有毒成分为马桑内芷、吐丁内酯等。

（8）未成熟的西红柿。未成熟的西红柿含有生物碱，人食用后可导致中毒。

（9）加热不彻底的鲜黄花菜。黄花菜也叫金针菜，当人进食多量未经煮泡去水或急炒加热不彻底的鲜黄花菜后，会出现急性胃肠炎。

（10）新鲜的蚕豆。有的人体内缺少某种酶，食用鲜蚕豆后会引起过敏性溶血综合症。

食物中毒急救口诀

食物中毒猛于虎，上吐下泻好痛苦，同吃同拉真无助，催吐导泻留“证物”。

三、应对措施

食物中毒症状以恶心、呕吐、腹痛、腹泻为主，往往伴有发烧，吐泻严重的还可能发生脱水、酸中毒，甚至休克、昏迷等症状。一旦有人出现这些症状，首先立即停止食用可疑食物，同时拨打 120 急救，在急救车来之前可以采取以下自救措施。

（1）催吐。如果进食的时间在 1～2 小时内，可使用催吐的方法。立即取食盐 20 克，加开水 200 毫升，冷却后一次喝下。如果无效，可多喝几次，迅速促使呕吐。亦可用鲜生姜 100 克，捣碎取汁用 200 毫升温水冲服。如果吃下去的是变质的荤食，则可服用十滴水来促使迅速呕吐。

（2）导泻。如果病人吃下去食物时间已超过 2～3 小时，但精神仍较好，则可服用泻药，促使受污染的食物尽快排出体外。一般用大黄 30 克一次煎服，老年患者可选用元明粉 20 克，用开水冲服，即可缓泻。体质较好的老年人，也可采用番泻叶 15 克，一次煎服或用开水冲服，也能达到导泻的目的。

（3）解毒。如果是吃了变质的鱼、虾，蟹等引起的食物中毒，可取食醋 100 毫升，加水 200 毫升，稀释后一次服下。此外，还可采用紫苏 30 克、生甘草 10 克一次煎服。若是误食了变质的防腐剂或饮料，最好的急救方法是用鲜牛奶或其他含蛋白质的饮料灌服。

（4）保留食物样本。确定中毒物质对治疗来说至关重要，要保留导致中毒的食物样本，以提供给医院进行检测。如果身边没有样本，可以保留患者呕吐物或排泄物，以方便医生确诊和救治。

(5) 炊具、餐具、容器等要进行全面、彻底地清洗和消毒，以防食物中毒的再次发生。

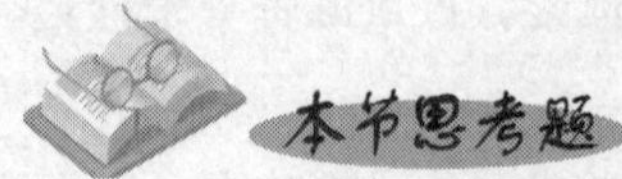

(1) 怎样预防细菌性食物中毒?

(2) 食物中毒后如何自救?

第四节　暴饮暴食

暴饮暴食，顾名思义，就是一次性吃喝很多事物。这是一种不良的生活习惯，会给人的健康带来很多的危害，甚至会发展成暴食症。而暴食症属于进食障碍的一种，还被称为“神经性贪食症”，会不可控制地多食、暴食。暴饮暴食会导致肥胖、肠胃、肾病、神经衰弱甚至癌症疾病等。

一、案例警示

2015 年 11 月，曹某去朋友家做客。晚饭过后，他又吃了四包薯片、两袋泡面，还喝了三瓶可乐。到了后半夜，小曹的肚子开始隐隐发胀，翻来覆去无法入睡。等到第二天早晨，他满头大汗，脸色发白地跑进当地余杭区五院急诊科。急诊科夏医生检查发现，小曹心跳明显加速、血压也忽高忽低；腹部拍片显示，小曹的胃泡胀大成正常人的 3 倍，肠腔胀气也很明显。夏医生马上给病人插了胃管，管子里“滋滋滋”地冒出大量气体，其中还夹杂着糨糊般黏稠的液体及食物残渣。排了 3 小时后，小曹的疼痛才渐渐退去，心跳、血压也恢复了正常。

合理进食

案例解析

经医院诊断证明，曹某得的病是急性胃扩张，原因是暴饮暴食，特别是喝了大量碳酸饮料，导致胃部二氧化碳积聚。冬季，很多人喜欢吃淀粉含量高的食物，比如年糕、土豆、红薯、芋头等，这些食物黏性大，在胃里难消化，如果再同时喝下很多碳酸饮料，就可能会诱发急性胃扩张。如果情况严重，可能会导致胃穿孔，引发腹膜炎，需要通过手术，进行胃部切除，更严重的甚至有生命危险。大家临睡前尽量不要进食，尤其避免饮用大量碳酸饮料。特别是吃火锅等辛辣食物时，容易口渴多喝饮料，这样也会加重胃部负担。

案例回放

16 岁的王珊，身高 1.65 米，体重 50 千克，虽然不胖，但爱美之心促使她决定节食减肥。两个月后，她的体重降到了 40 千克左右。由于父母强烈反对王珊减肥，她就停止节食，但她再也控制不住自己的食量，这种行为严重地影响了她的学习，她不得不休学在家，并做手术植入芯片，以控制饮食。

注意控制饮食

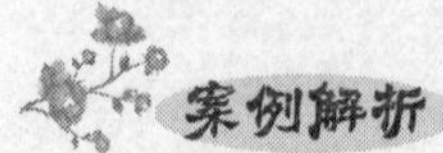

进食障碍是以反常摄入食物行为和心理紊乱为特征，并且伴有显著体重改变或生理功能紊乱的一组综合征，包括神经性贪食症、神经性厌食症、神经性呕吐以及一些不典型的精神障碍。过度节食后，机体的调节反应、水电解质、营养物质失衡，体内神经递质紊乱。即使是需要减肥的人，也不是单纯地不吃，要设计一个科学的饮食控制方案。

二、安全建议

（1）合理安排一日三餐的时间和食量，荤素搭配，补充所需营养和能量。

（2）朋友聚会时一定要提高自控能力，饭菜适量，酒水适度。

（3）节假日饮食更要提高警惕，适当控制零食，少吃不易消化的食物。

（4）不盲目减肥，不过度降低体重。

（5）吃饭时要细嚼慢咽，不过快进食。

（6）少喝碳酸饮料，尤其是在吃饱以后。

（7）进餐时要端正坐姿，做到不压胃，使食物由食道较快进入胃内。

（8）尽可能不在极度饥饿时进食，因饥饿时食欲更强，容易一下子吃得特别多，造成身体不适。

（9）先吃喜爱的食物，情绪上的满足会使你较快地产生饱胀感，从而避免进食过量。

（10）睡前不要吃东西。睡前吃东西，肠胃不能充分休息，易导致胃病和影响睡眠，但睡前喝杯热牛奶是可以的。

不要暴饮暴食

（11）食盐不宜过多，盐摄入过多，易导致高血压。

（12）不宜一边看电视一边进食。看电视易使饮食时间过长，不知不觉就吃多了。

健康饮食口诀

管住嘴，迈开腿，多喝水，严防病从口入；

早吃好，午饭饱，晚吃少，切忌暴饮暴食。

三、应对措施

暴饮暴食后，如果感觉身体不适，要立即到医院治疗，以免发生更大的伤害。如果暴饮暴食成瘾，要主动请求同学、老师和家长的帮助，使自己建立正确的饮食观念。可以求助心理老师或心理医生帮助治疗。

（1）你有过暴饮暴食的经历吗？是否有过因暴饮暴食而感觉身体不适？

（2）如果你的朋友暴饮暴食，你会如何帮助他？

第五节 吸烟酗酒

众所周知吸烟危害健康，俗话说“点燃的是烟，燃烧的是健康”，烟草中含有3000多种对人体有害的化学物质，其中有40多种是致癌物质。烟雾中的尼古丁是一种中毒性兴奋麻醉物质，能兴奋和麻醉中枢神经，可使血管痉挛、血压升高、心率加快、损害支气管黏膜等，进而诱发心绞痛、支气管炎、肺气肿等疾病，严重者使脑血管发生血栓或破裂，引起偏瘫或致命。烟雾中的焦油具有显著的致癌和促癌作用。烟雾中的一氧化碳被吸入人体后能损害血液循环中红细胞的携氧能力，造成人体组织和器官慢性缺氧，促使心、脑血管疾病的发生。

酗酒是一种异常的行为，对健康的危害极大，长期过量饮酒会损害食管和胃，引起胃黏膜充血、肿胀和糜烂，导致食管炎、胃炎、溃疡病。酒精主要在肝内代谢，因此对肝脏的损害特别大，肝癌的发病与长期酗酒有直接关系。酒精影响脂肪代谢，升高血胆固醇和甘油三酯，使心脏发生脂肪变性，大量饮酒会使心率加快，血压急剧上升，极易诱发脑卒中。长期酗酒还会造成身体中营养失调，引起多种维生素缺乏症。另外，醉酒后还容易引

发社会性问题，影响社会的正常秩序。

青少年学生要学习和掌握吸烟、酗酒的危害，做到不吸烟、不酗酒，并劝阻身边吸烟酗酒的人戒烟限酒，养成健康的生活习惯。

一、案例警示

小林是福建某学院2003级建筑系学生，小杨是该学院2005级计算机系学生。某天晚上，小林与几位同学，到校外喝酒，此时，小杨也正与几位同学在附近喝酒。两拨人喝得酒酣耳热，因嫌对方喝酒说话声大，发生了争吵并相互推搡，被劝开后，双方都准备离开，又发生口角并引发搏斗。小林冲向小杨，朝小杨的面部来了一拳，小杨当即后脑着地倒下，小林对倒下的小杨又是一阵殴打。之后，小杨被送往医院抢救，结果因伤势过重变成植物人，而小林家人赔偿给小杨家30万元，小林因故意伤害罪被判刑。

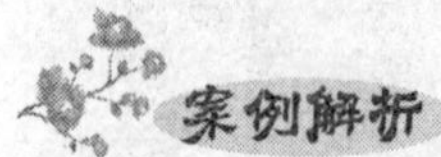

酒精具有麻醉作用，醉酒后会让人行不知所往，处不知所持，食不知所味，使人变得野蛮、愚昧、粗暴，这种失去理智的状态很容易使人对周围人进行谩骂、殴打，或者从事一些莫名其妙的活动。案例中小林和小杨就如此，最后都成为酒后事故的受害者，一个成为植物人，一个受到法律的制裁，双方家庭都遭受了巨大打击。青少年要引以为戒，做到饮酒适度，保持个人健康，避免酒后发生意外。

张凯就读于北京某高校，平时有吸烟的习惯。2005年12月24日上午，张凯正躺在床上吸烟，突然觉得肚子有点饿，扔掉烟头就去食堂买饭吃。回来后发现公寓楼下围了很多同学，抬头一看才发现宿舍的窗户冒出浓烟。张凯心中燃起一种不祥预感，赶紧跑回宿舍，看到门口堆着一床被褥，上面有两个火烧的大黑窟窿，楼道内充斥着焦糊的味道。果真是张凯的烟头引起的事故，幸亏舍友及时发现，将点燃的被子拖出宿舍用冷水浇灭。事后校方对张凯进行了批评教育。

我国每年有100多万人死于吸烟相关疾病，约10万人死于二手烟暴露导致的相关疾病。案例中张凯在宿舍吸烟，不仅危害了自己的健康，还危害了舍友们的健康。张凯躺在床上抽烟是一件极其危险的事情，另外，他出门前没有确保烟头被掐灭，最后造成床铺着火，幸亏同学发现及时，否则后果不堪设想。

二、安全建议

1. 禁酒与预防酗酒

（1）不把不会喝酒当作一种遗憾，做到始终如一地禁酒，注意以下几点。

①开席即称自己不会喝酒。

②拒绝要有礼貌，但态度要坚决，不让人产生“在讲客气”的错觉。

③主动倒上一杯饮料或茶水作陪，不喝酒是一种权力，态度要大方。

不要酗酒

（2）饮酒者无论是自饮还是群饮，都不要忘了“节制”“适度”，同时注意以下几点。

①饮酒之前少量进食，空腹酣饮容易醉倒。

②要尽量避免“干杯”，低酌浅饮并不失风雅。

③量力而行，适可而止，清楚自己的酒量。

（3）多人在一起喝酒，最容易发生酗酒和醉酒现象。醉酒后往往会出现直言快语、豪言壮语、胡言乱语和不言不语的情景，群饮者要相互关照，知己知彼，当止则止，以免失节，产生不良后果。

2. 青少年养成不吸烟的习惯，如果已经开始吸烟，提供以下几种戒烟方法

（1）在嘴上涂抹自己讨厌的味道，使人体对香烟的味道产生反感从而戒烟。

（2）将戒烟的好处写在纸上，经常阅读。

（3）将自己很想买的东西写下来，按其价格计算相同数量价钱对应香烟的花费。

（4）跟朋友打赌，保证戒烟，接受朋友的监督。

（5）不整条买烟，减少购买烟的数量。

（6）不随身带烟、火柴、打火机。

（7）经常思考烟雾中毒素对肺、肾和血的伤害。

（8）逐渐延长两次吸烟之间的时间间隔，从而降低吸烟的频率。

（9）万事开头难，一旦决定戒烟，就从决定的那一刻起不再碰烟。

（10）让香烟、烟灰缸、打火机等与烟有关的物品消失在自己的生活中。

（11）不要去以前经常吸烟的场所，避免惹起烟瘾。

（12）万一真忍不住，就立刻做其他的事转移注意力。

吸烟危害健康

吸烟上瘾，始于消遣。百害无益，人人知然。

一损咽喉，咳嗽痰喘。二损心肺，呼吸困难。

三损肠胃，食味不甘。四损口腔，臭气人嫌。

五损形象，萎靡不堪。六损财源，浪费金钱。

七损人和，常起事端。八损环保，空气污染。

九损世风，有伤体面。十损幼教，贻害家园。

三、应对措施

一旦发现有人饮酒过量，应立即阻止其继续饮酒，对于醉酒者，使其保持平躺，用湿毛巾蒙住额头，安静休息，并饮用温开水加少许醋。如果有呕吐反应，则直起身任其呕吐；倘若吐不出来，可用手指伸进喉头强迫呕吐。千万注意，不要让秽物堵塞气管，以免窒息死亡。如果呕吐物中带血，或有其他严重的症状，应该立即到附近医院救治，以免造成更大的伤害。

（1）小明平时不喝酒，一次同学聚会上，五年没见的同学敬他一杯并说“今天特殊，喝一杯不妨碍”，假如你是小明，应该怎么做？

（2）结合实例，谈谈怎样才能有效地戒烟？

第六节　远离毒品

毒品是指鸦片、海洛因、甲基苯丙胺（冰毒）、吗啡、大麻、可卡因以及国家规定管制的其他能够使人形成瘾癖的麻醉药品和精神药品。《中华人民共和国刑法》和《中华人民共和国禁毒法》对贩卖毒品、非法持有毒品、容留他人吸毒、引诱、教唆、欺骗他人吸毒、强迫他人吸毒等行为做出了明确的刑罚。吸毒不仅触犯刑法，危害健康，还会损耗大量的钱财，甚至造成家破人亡。2014 年犯罪形势分析及 2015 年预测报告显示，中国每年消耗毒品总量近 400 吨，因毒品而消耗的社会财富超过 5000 亿元人民币，间接损失超过万亿元。其中青少年吸毒十分严重，35 岁以下的吸毒青少年占登记在册吸毒人员总数的 75%，由此酿成自杀自残、暴力杀人、驾车肇事等极端案件屡有发生。青少年对各种诱惑充满好奇，但在面对毒品时要理性判断利害，拒绝毒品带来的任何诱惑，保障自己的成长之路顺畅、美好。

一、案例警示

17 岁的小陈与父母的交流沟通很少，经常逃学，还总是跟那些同样经常逃学的“小伙伴们”混在一起。由于小陈不缺钱花，“小伙伴们”总是围着他转悠，还介绍了一些社会朋友跟他认识，就这样，小陈开始受邀参与到吸食新型毒品的群体中。渐渐地，小陈开始成天不上学，和“毒友”们厮混一起。直到被父母发现，将其送进了潮州市强制戒毒所。

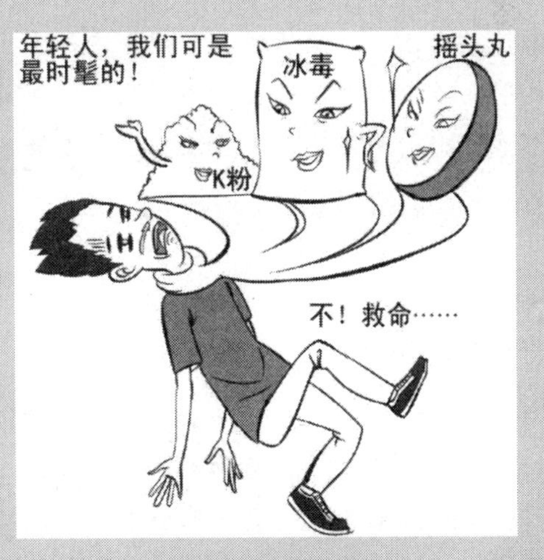

远离毒品

案例解析

青少年吸毒无非有三个主要原因：①好奇心强，往往容易对“神秘”“奇特”的毒品产生兴趣，存在“试一把”“玩一次”的侥幸心理。②被朋友拉下水，部分涉毒青少年由于涉世未深，辨别是非能力差，在吸毒者的鼓吹和欺骗下，误把吸毒当作是一种时髦和潮流。③寻求另类刺激，有的青少年过早地离开校园或者缺少家庭温暖，产生逆反和自暴自弃心理，往往通过吸烟吸毒寻求刺激和享乐。案例中小陈与父母缺乏沟通，加上对毒品危害性认识不足，被引上吸毒之路，幸好家长发现及时，将其送到戒毒所，没有造成更严重的后果。

远离毒品

案例回放

2010 年 7 月 5 日，桂林市灌阳县民族中学初中一年级的陈娇，放学回到家中，坐在客厅的沙发上看电视。陈娇的母亲正在厨房准备午饭，突然听到扑通的一声，赶紧跑到客厅看出了什么情况。只见陈娇已从沙发上面掉到了地上，口吐白沫，四肢抽搐，神志不清，妈妈马上把她扶在沙发上，拨打了 120 急救电话。送到医院经过几个小时的抢救，也没留住陈娇的生命，最后医院认定陈娇是过量吸食 K 粉而导致呼吸循环衰竭，最终死亡。事后灌阳县公安局民警为陈娇做了尿检，同样证明她曾吸食毒品 K 粉。

案例解析

吸毒会对大脑神经细胞产生直接损害，导致神经细胞坏死，出现急慢性精神障碍，导致吸毒者全身骨骼肌痉挛、恶性高热、脑血管损害、肾功能严重损伤、急性心肌缺血、心肌病和心律失常，有的会因高度兴奋而痉挛性收缩造成心肌断裂，加速死亡。案例中陈娇就是由于过量吸食 K 粉而导致呼吸循环系统衰竭，最终死亡，青少年要能认清吸毒的危害，提高防毒意识，避免受到毒品的毒害。

二、安全建议

（1）不结交吸毒、贩毒行为的朋友，不听信他们的谗言。

（2）不进入治安差的场所，如歌厅、网吧等，如果出入娱乐场所，与陌生人接触要谨慎，不接受陌生人提供的香烟、饮料，离开座位要有人看好饮料、食物，不接受摇头丸、K 粉等兴奋剂。

（3）不虚荣、不寻求刺激、不赶时髦、不追求所谓的享受。

（4）不轻信毒品可以治病、摆脱痛苦和烦恼的花言巧语。

（5）养成良好的习惯，不滥用减肥药、兴奋剂等药品。

（6）了解毒品的种类及危害，不以身试毒。

我对毒品说不

海洛因成瘾

海洛因成瘾有三个基本过程：一是耐药作用。当反复使用某种毒品时，机体对该毒品的反应性减弱，药效降低，为了达到与原来相等的药效，就要逐步增加剂量。二是身体依赖。在使用了一些毒品后，若突然停止吸毒，就会引起一系列综合症状，例如，若对海洛因上瘾，一旦停止使用就会流鼻涕，可能会感冒、发烧、腹泻或出现其他症状。三是心理依赖。是指由于使用毒品产生特殊的心理效应，在精神上驱使其表现为一种定期连续用毒的渴求和强迫行为，以获得心理上的满足和避免精神上的不适，正所谓“一朝吸毒，十年戒毒，终生想毒”。

三、应对措施

(1) 有人向自己贩卖毒品时，要婉言拒绝，并及时报警。

(2) 在不知情的情况下，被引诱、欺骗吸毒后，要主动向老师和学校报告，自觉接受家长及社会有关部门的监督戒除及康复治疗。

(3) 三种戒毒方法。

①自然戒断法。强制中断吸毒者的毒品供给，仅提供饮食与一般性照顾，使其戒断症状自然消退而达到脱毒目的。

②药物戒断法。给吸毒者服用戒断药物，以替代、递减的方法，减缓、减轻吸毒者戒断症状的痛苦，逐渐达到脱毒的戒毒方法。

③非药物戒断法。采用针灸、理疗仪、心理暗示等，减轻吸毒者戒断症状反应。

(1) 假如你在KTV碰到一个推销酒水，并让你免费品尝的人，你会怎么做?

(2) 如果你发现身边某一个朋友在吸毒，你会怎么做?

第七节　动物伤害

近年来，城市、乡村家庭饲养猫、狗等宠物的数量明显增多，很多人视宠物为“忠实的朋友和伴侣”。但宠物还是会带有野性的，若发起狂来，也可能会给人带来致命的伤害。另外，随着社会的发展，户外休闲运动已成为人们节假日出游的重要选择之一，在郊外游玩的过程中，有可能会被毒蛇、蜈蚣、黄蜂、毛虫等咬伤（蜇伤或刺伤），轻者可不治自愈，重者可因这些毒物的毒素导致过敏性休克或急性肾衰竭等中毒危症，甚至造成死亡。为了维护自身安全，掌握预防和处理动物致伤的方法，既可以使我们远离危险，也可以把握宝贵的救援时机，提高动物致伤后的生存概率。

一、案例警示

2013年7月，北京市疾控中心接到1例狂犬病死亡病例的报告。在日常生活

中，患者与该犬多接触密切，经常以口喂食，曾有犬咬伤史，无狂犬疫苗接种史。

据统计，每年全世界有 6 万人至 7 万人死于狂犬病，平均每 10 分钟狂犬病就会夺去一条生命。我国是狂犬病发生较严重的国家，就北京而言，2005 年至 2015 年，北京已连续 11 年发生狂犬病，导致 60 人死亡。因此，青少年在养狗或接触狗时要注意卫生安全，预防疾病传染上身。

2008 年 11 月，重庆市万州区李某驾驶摩托车载着 3 位家人到相邻的岳溪镇上赶集，行至岳溪镇某处时，被一群巨大的马蜂袭击，造成 3 人死亡，1 人重伤。

案例解析

在户外活动时，应首先做好防范措施，避免被蛇、虫等动物咬伤。如果被动物致伤，尤其是被有毒的动物致伤，一定要抓紧时间，就地处理，这一点非常关键，因为大部分伤者体内的毒素会在几分钟内发作。处理伤口时，要迅速清洗伤口并及时清除毒素残留，尽量避免静脉血和淋巴液回流到心脏，然后立刻到就近的医院救治。

二、安全建议

1. 猫、狗致伤

（1）经常接触猫、狗等可能携带狂犬病的高危人群，应接种狂犬病疫苗，以便在受到犬等动物的攻击时，身体出现快速免疫反应，中和与阻止狂犬病毒入侵，即使咬伤严重也只需加强狂犬疫苗注射；遇上未察觉的犬伤，体内也早有抗体保护。

（2）不要在陌生的环境中和动物玩耍，更不要挑逗陌生的动物，因为动物对陌生的环境或人敏感，容易因自我防卫而变得不友好。

（3）与不熟悉的动物要保持距离，即使是熟悉的动物，主人不在时也要与其保持距离。

（4）不在城市内饲养大型犬，出门遛狗时要带束犬绳，并定期为家人和爱犬注射

当心被狗咬伤

疫苗。

(5) 不抓狗尾巴，提防其转身咬手。

(6) 向动物表示自己的友好时，应该保持身体正直，然后慢慢伸出手，轻轻触摸动物。

(7) 动物在进食和睡觉时千万别去招惹，以免激怒它们。

(8) 见到野狗或无主人牵引的狗，应尽快远离它们。

(9) 不要让宠物舔人的口腔、眼睛等黏膜，或有皮肤破损的地方。

(10) 动物逼近时要保持冷静，看着动物，慢慢地、静静地后退。但是不要直视动物的眼睛。

(11) 观察动物进攻前发出的信号，如躬背、背毛竖起、龇牙咧嘴、尾巴高高竖起等。

2. 蛇或毒虫致伤

(1) 不要单独在野外行动，以确保自己在遭遇危险时能及时获得同伴的帮助。

(2) 出游时随身携带必要的药品，以应对突发状况。

(3) 在野外活动时尽量不要将手臂、下肢等部位暴露在外边，尽量穿长衣长裤，必要时应穿长筒靴。

(4) 不要捅马蜂窝，或招惹马蜂，远离有马蜂窝的地方。

(5) 全身抹上或喷上防蚊油，可以有效驱赶毒虫。

(6) 一旦在野外被动物咬伤、蜇伤或刺伤，要保持镇静，并及时处理伤口。

(7) 在野外过夜时，必须住在帐篷中，并将周围的野草拔除，乱石搬走，并在四周喷洒杀虫药物。

(8) 在野外行进时，随身携带棍棒或手杖，边走边敲打地面，可以预先赶走蛇虫。

(9) 经常在有蛇出没的野外作业时，最好随身携带蛇药以备不时之需。

(10) 掌握区分有毒蛇和无毒蛇的方法以及被咬伤后处理伤口的措施。

狂犬病

狂犬病是一种人畜共患疾病（由动物传播到人类的疾病），由一种病毒引起。狂犬病感染家畜和野生动物，然后通过咬伤或抓伤，经过与受到感染的唾液密切接触传播至人。除南极洲以外，其他各洲都存在狂犬病，但95％以上的人类死亡病例发生在亚洲和非洲。一旦出现狂犬病症状，几乎总会致命。

三、应对措施

1. 猫、狗致伤

（1）遇到恶犬攻击时，如果手边恰好有“挡箭牌”，如背包、自行车等，可以把它们挡在你和动物之间，也可就近抓起石头、木棍等物品，或迅速攀爬至高处。

（2）如果恶犬已咬到你的手臂，不要尝试硬把手拉出，这样做只会让它咬得更紧，此时应用另一只手使劲猛击恶犬的喉咙，直至它松口为止。

（3）如果被咬的伤口只在皮肤表面，虽然没有出血，也要马上用清水、肥皂或双氧水反复清洗伤口，以防伤口发生感染。

（4）如果被咬伤或抓伤部位出血，应立即按压伤口处，尽量使含有病毒的血液流出，同时用大量肥皂水、盐水或清水多次反复冲洗伤口，将沾污在伤口上的血液和猫狗唾液冲洗干净，冲洗时间最好在半小时以上，然后马上去医院进行检查和处理。

（5）被猫、狗抓伤后，一定要在 24 小时内注射狂犬病疫苗，以便阻断病毒进入神经末梢，防止上行感染。

（6）除个别伤口大，又伤及血管需要止血的情况以外，切勿包扎伤口或上药，因为狂犬病病毒会因缺氧而大量生长。

（7）被猫、狗等抓咬后，应注射狂犬病疫苗或狂犬病抗毒血清。在注射疫苗期间，不要饮酒、喝浓茶或咖啡，也不要吃有刺激性的食物，如辣椒、葱、大蒜等。同时要避免受凉、剧烈运动或过度疲劳，防止感冒。

（8）如果被动物攻击，并被扑倒在地，应该蜷起身子呈球状，护住自己的头和脖子。

（9）狂犬病病毒的抵抗力较弱，对脂溶剂敏感，容易被紫外线、季胺化合物、碘酒、高锰酸钾、酒精、甲醛、肥皂水等灭活，100℃加热 2 分钟即使狂犬病病毒死亡。

2. 蛇或毒虫致伤

（1）被蜈蚣咬伤，应用 3％氨水或 5％的碳酸氢钠液冷湿敷，伤口周围敷以溶化的蛇药片。也可以立即用 5％的碳酸氢钠或肥皂水、石灰水冲洗，不可用碘酒。

（2）被蝎子蜇伤，如果伤口在四肢，应在伤口靠近心脏一侧缠止血带，取出蝎子的毒钩，将明矾研碎，用米醋调成糊状涂在伤口上。

(3) 被蝎子、马蜂、蜜蜂等蜇伤后，应先用消毒针将留在肉内的断刺剔除，然后用力掐住被蜇伤部分，用嘴吸出毒素，再用碱水洗伤口，或涂上肥皂水、小苏打水或氨水。无消毒针时，也可将两片阿司匹林研成粉末，用凉水调成糊状涂抹患处。全身症状较重者应速到医院诊疗。

(4) 被蚂蟥咬住后，不要惊慌失措地用力拉扯，应该用手掌或鞋底用力拍击蚂蟥，或者在其身上撒一些食盐或点几滴盐水，蚂蟥的吸盘和颚片会自然放开。

(5) 被毛虫蜇伤，应该立即用橡皮膏将毒毛粘出。

(6) 被蛇咬伤后，应记住蛇的体形特征，以便救护人员快速找到对应的血清。

(7) 遇到蛇时不要主动攻击，应马上停步，站立不动，静候蛇离去。

(8) 如果蛇将头高高抬起，则表明它要展开攻击，这时应暂时停止其他动作，观察其下一步动向，做好应对准备。如果蛇主动向你进攻，可用手中的硬物打击蛇的“七寸”，一击奏效。如果是空手，可以快速抓住蛇的尾巴，并迅速将其摔向远处。

(9) 被无毒蛇咬伤后，无需特殊处理，用红药水或碘酒擦拭伤口，然后包扎即可。被有毒蛇咬伤后，切忌奔跑，这样会加快蛇毒在血液中的流动速度。应立即在受伤肢体靠近心脏一侧 5～10 厘米处用柔软的绳子或橡胶管等绑扎，并保持其位置低于心脏，然后用生理盐水、肥皂水或清水清洗伤口，再用消过毒的刀片将伤口切成“十”字形，用吮吸器或用火罐将毒血吸出。自救和施救时，应避免用嘴直接吮吸伤口。

(10) 部分毒蛇喷出的毒液如果进入人眼，会造成眼睛失明。因此，眼睛一旦沾上毒液，应立即用大量清水冲洗。如果找不到水，可用小便代替，做完此处理后，应尽快去医院做进一步治疗。

(1) 如果你被狗咬伤了，应该怎样做？

(2) 外出旅游时碰到蛇，应该怎样做？

第四章　社会安全

社会飞速发展，人们的生活水平日益改善，但随之而来的安全问题日趋复杂，敲诈勒索、偷盗抢劫、暴力事件等频频发生，给人们生命和财产安全造成了威胁。社会整体安全程度取决于一个国家的社会发展程度，另外，经济发展速度、社会公平程度、政治体制、历史文化等原因都有可能对社会安全程度产生一定的影响。社会安全是中学生公共安全教育指导纲要中指出的公共安全教育六个模块之一。由于青少年学生社会经验不足，容易成为受害对象，因此，需要了解并掌握安全风险及防范的措施，避免遭受社会上不安全事件的危害。

第一节　敲诈勒索

敲诈勒索是一种犯罪行为，是指以非法占有为目的，对被害人使用威胁或要挟的方法，强行索要公私财物。敲诈勒索主要方式有口头敲诈勒索、电话敲诈勒索、书面敲诈勒索、书信敲诈勒索等。《中华人民共和国刑法》第二百七十四条规定：敲诈勒索公私财物；数额较大或者多次敲诈勒索的，处三年以下有期徒刑、拘役或者管制，并处或者单处罚金，数额巨大或者有其他严重情节的，处三年以上十年以下有期徒刑；数额特别巨大或者有其他特别严重情节的，处十年以上有期徒刑，并处罚金。我们平时要提高预防各种侵害的警惕性，树立自我保护意识，掌握一定的安全防范方法，使自己在遇到异常情况时能够沉着镇静、机智勇敢地保护好自己。

一、案例警示

2003 年 7 月 2 日在江苏省某市做生意的李某到某晚报杂志社投诉说，自己先

后于同年5月和6月在超市购买某品牌的冰红茶，里面都有苍蝇。李某说第一次发现后立即就向生产厂家投诉，该公司总部派人来处理，向李某赔偿1000元现金。第二次发现苍蝇后，李某再次同该公司联系，厂家不但拒绝赔偿，反而说上次的事情还没完，并说要追回“赔偿”的1000元钱。李某将后一次买的瓶子里有苍蝇的冰红茶拿给报社的编辑们看，并气愤地在报社一再强调：“我不要赔偿，我就要你们把它曝光。”其后，该市公安局的技术人员对李某所购买的冰红茶的瓶盖痕迹进行了科学检验，认定李某在瓶盖上造假。同年7月11日，李某承认了自己在瓶里放苍蝇的事实。李某因涉嫌敲诈勒索罪被警方刑事拘留。

以媒体曝光敲诈勒索

案例解析

李某采用弄虚作假、欺诈的方式，人为地制造事端，且以在瓶内再次发现苍蝇为由，要挟厂家要向媒体曝光此事件，李某的行为对生产厂家构成了敲诈勒索罪，最后酿成恶果。

案例回放

中学生小宁步行去上学，离开家刚走出不远，就从小巷拐角处窜出一个男青年，他故意用身体撞了小宁一下，却向小宁嚷道：“你没长眼睛啊？走路不看着点。”小宁连说不是故意的，正要转身走，前面路口忽然又跑出一个人，说：“撞了人就得赔钱。”并拿出刀子指向小宁，两人拿走了小宁身上的钱和手机一部，并威胁小宁不能报警，在长达一年多的时间，小宁被敲诈勒索10余次，最后小宁忍无可忍，愤而报警，这两名不法分子落网。

以人身安全敲诈勒索

小宁遇到敲诈勒索后，因害怕选择了隐瞒，但是隐瞒的后果是让不法分子更嚣张，多次向小宁索要财物，给小宁造成了严重的心理负担，影响了学习和生活。不法分子的贪欲是难以满足的，一味地退缩只会助长不法分子的气焰，不能从根本上解决问题，小宁后来的报警，是正确的选择，只有将他们绳之以法，才能摆脱困扰。

二、安全建议

（1）不要特立独行，与周围同学和朋友搞好关系。

（2）不要轻易与社会上的闲散人员交往。

（3）不要炫富，衣着普通，生活用品不求奢华。

（4）不要轻易对别人说出自己的家庭背景。

（5）出门之前要跟家人打招呼，让家人了解自己的去向。

（6）独身一人时尽量不去偏远、僻静的场所。

（7）遇到可疑的陌生人时，要及时躲避，往人多的地方走，或给家人拨打电话。

（8）多做模拟情景的演练，谨记报警电话。

敲诈勒索安全口诀

路遇坏人莫逞强，保护自己最重要。

如被盯上不要怕，要往人多地方跑。

财物被抢别硬拼，记下坏人把案报。

如果坏人下毒手，随机应变想高招。

路遇碰瓷不要慌，警察处理不私了。

三、应对措施

如遇敲诈勒索，以保证自身安全为主，保持冷静，稳住对方，避免正面冲突，设法与歹徒周旋和拖延时间，使自己能够看清楚对方的相貌特征和周围的环境情况，以便自己能从容不迫地寻找脱离险境的有利时机。如果附近有人，可以边大声呼救，边向人多的地方跑。脱身后要及时报案，使不法分子受到应有的惩处，以免遭连续侵害，并能及时地、最大限度地挽回经济损失。如遇“碰瓷”事件，不要私下处理，一定要向公安机关报警，让警方来处理。

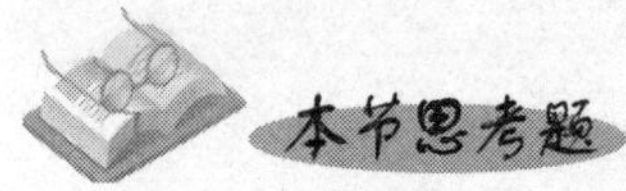

（1）《中华人民共和国刑法》对敲诈勒索做出了哪些规定？

（2）遇到敲诈勒索，你会怎样处理？

第二节　抢　劫

抢劫是以非法占有为目的，对财物的所有人、保管人当场使用暴力、胁迫或其他方法，强行将公私财物抢走的行为。《中华人民共和国刑法》第二百六十三条规定：“以暴力、胁迫或者其他方法抢劫公私财物的，处三年以上十年以下有期徒刑，并处罚金；有下列情形之一的，处十年以上有期徒刑、无期徒刑或者死刑，并处罚金或者没收财产：①入户抢劫的；②在公共交通工具上抢劫的；③抢劫银行或者其他金融机构的；④多次抢劫或者抢劫数额巨大的；⑤抢劫致人重伤、死亡的；⑥冒充军警人员抢劫的；⑦持枪抢劫的；

⑧抢劫军用物资或者抢险、救灾、救济物资的。”

一、案例警示

2011年9月17日下午6时许，杨方振乘坐魏某驾驶的夏利出租车，从黄骅港至黄骅市区，当晚在返回黄骅港的途中起意抢劫该出租车。当出租车行驶至石黄高速黄骅收费站西侧齐庄路口附近时，杨方振持刀朝魏某头、颈、胸等部位捅刺20余刀，致其颈总动脉断裂大出血死亡，后杨将魏某的尸体抛弃在路边的水沟内。

抢劫

案例解析

杨方振为满足个人私欲，以非法占有为目的，采用暴力的方法抢劫别人财物，其行为已构成抢劫罪。君子爱财，取之有道，靠自己劳动赚来的钱财心安理得，靠抢劫得来的钱财心神不宁，因一时的贪念铸成大错，终究难逃法律的制裁。

2016年1月6日傍晚，中学生小斌（化名）放学后和爷爷一起回家。途经革命公园时，走在前面的小斌突然被3名陌生男子拦住索要财物，这时，小斌爷爷

跟了上来，3名男子慌忙跑掉。小斌很害怕，让爸爸第二天接自己回家。7日傍晚，小斌和爸爸刘先生走进革命公园时，又有3名男子看到小斌就跑了过来。刘先生意识到这3名男子很可能就是6日企图抢劫小斌的人，立即上前控制住其中一人，并扭送至公安局新城分局西五路派出所。

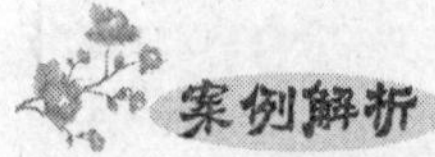

遭遇抢劫时不要存在侥幸心理，抢劫未遂的不法分子很可能再起歹心，连续作案。小斌遇到抢劫处理得很好，及时告诉家长，第二天小斌爸爸成功抓住嫌疑人。学生放学后要与家长或者同学一起结伴而行回家，不要走偏僻无人的小路，不要在偏僻的地方或陌生的场所逗留。

二、安全建议

(1) 回家上楼梯、开门时，注意观察是否有可疑、陌生人尾随。

(2) 独自一人在家时要反锁房门，在门上安装“猫眼”，遇有陌生人敲门，应问明身份情况再决定是否开门。

(3) 家中现金存放不宜过多，首饰、存折、有价证券等贵重物品，应放在不易被发现的地方。

(4) 不当众数钱财，若携带大量现金或贵重物品，应找一两个人结伴同行，尽量别靠路边走。

(5) 若经常走夜路，要准备好防袭击警报器、哨子、防狼喷雾等。

(6) 觉得周围有可疑人员，可立即站在原地，背靠掩护物，或到附近商店、单位内暂避。

(7) 在路口停车或在路边停靠时，将所有车门锁死。

(8) 行驶到偏僻地段遇陌生人拦车，最好别停车；车在途中抛锚且处在人烟稀少或复杂地段，要及时联系最近的修理厂或打110求助。

(9) 存取款时，要留意身边是否有可疑人员。输入密码时，挡住其他人视线。在柜面上清点现金，并尽量不让旁边的人看到。

(10) 取款后避免在僻静的道路行走。开车存取款的也要提高防范意识，一旦汽车轮胎被扎，应做到钱物不离身。

(11) 提取大额现款时，最好能两人以上结伴并驾车而行。

(12) 走路不要离马路太近，更不要走车行道；拎包要放在胸前，背包最好靠右侧斜背。

（13）对于悄悄驶近的摩托车、三轮车等要特别注意防范；若发现可疑情况，可停在人较多的道边让可疑车辆先行。

（14）若夜间独自外出，不要将包不加固定地放在自行车筐里，可把包带绕在自行车车把上，不要让包离开自己的视线。

抢劫安全口诀

防范两抢要注意，财产一定要保密；
银行提款防盯梢，路上行走防偏僻；
夜晚单身结伴行，睡觉门窗要关闭；
遭遇抢劫不要慌，保护生命是第一；
寻找机会快逃脱，边跑边喊寻生机；
条件有利要反抗，瞄准机会致命击；
记住车牌人特征，及时报警有勇气。

三、应对措施

发现有人尾随或窥视，不要紧张，不要露出胆怯神态，立刻改变原定路线，朝有人的地方走，并拨打家人、亲戚或朋友的电话求助。

当抢劫案件发生时，应保持镇定，及时做出反应。抢劫犯作案后急于逃跑，利用这种心理，应大声呼叫，并追赶作案人，迫使作案人放弃所抢的财物。若无能力制服作案人，可保持距离紧追不舍并大声呼救，引来援助者。如追赶不及，应看清作案人的逃跑方向和衣着、发型、动作等特征，及时就近到人多的地方请求帮助，并及时拨打110向公安机关报案。

遭遇入室抢劫，应尽量与犯罪嫌疑人周旋，找时机脱身；尽量记住犯罪嫌疑人人数、体貌特征、所持何种凶器等情况，待安全后，尽快报警。

（1）如何预防抢劫事件？

（2）遇到有人尾随该怎么办？

（3）遇到入室抢劫应该怎么处理？

第三节 暴力事件

暴力事件是指通过武力侵害他人人身、财产安全的行为。当今世界仍不太平，一些种族间、民族间、不同信仰团体间仍存在较大的矛盾，暴力事件一触即发，时常危及平民百姓，给社会秩序带来了极坏的影响，一些性质恶劣的案件，作案手段之残忍，令人触目惊心，不仅造成财产损失，而且对人的身体、心理造成较大的影响，甚至危害生命安全。

一、案例警示

2014 年 5 月 25 日，北京市朝阳区崔各庄乡奶西村“三光背男子殴打一少年”的视频在网上流传，视频长达 8 分 40 秒，视频中 3 名光背男子持续殴打一名少年，引起社会广泛关注。通过警方连夜工作，5 月 26 日凌晨，公安机关在河北燕郊将犯罪嫌疑人杨某、程某控制，并采取刑事拘留强制措施。其他两名参与人员也相继到案。2014 年 7 月 5 日，北京市朝阳区人民检察院对杨某以涉嫌寻衅滋事罪批准逮捕，对未达寻衅滋事罪刑事责任年龄的常某、郭某收容教养。

案例解析

犯罪嫌疑人在北京市朝阳区崔各庄乡奶西村内，无事生非，对被害人持凶器进行殴打，造成被害人受轻微伤，涉嫌寻衅滋事罪，最后酿成恶果。现在的父母对孩子的惩戒教育、一些暴力游戏、电影对青少年的影响很大，很多孩子选择使用暴力的手段来解决问题，最终害了自己。

二、安全建议

（1）青少年学生不去或少去人员集中的场所。人员集中场所发生的暴力事件伤害性最大，犯罪分子往往比较专业，伤害手法比较残忍。

（2）面对突发事件，不要围观。

（3）见义勇为要量力而行，但不能视而不见。

（4）切勿激怒暴力事件实施者。

（5）不轻信、不转载关于暴力的谣言，经历暴力事件后，切勿传播，以免给自己带来更大的麻烦及伤害。

预防暴力口诀

遇到暴力别惊慌，第一时间要报警。

暴力事件进行中，遮掩自己并卧倒。

专业人员来制止，处理危害把人帮。

三、应对措施

发现可疑爆炸物时不要触动，不要大声叫嚷，迅速、有序地撤离，不要互相拥挤，并及时报警。

当预知或遇到公共场所有突发暴力事件时，应在第一时间报警，请专业人员来制止、处理危害公共安全事件的发生。

当正处在公共场所暴力事件当中无法逃脱时，心里不要产生惧怕感，尽量稳定情绪，找大型器物遮掩自己并卧倒。观察现场情况，为配合警察、救己、救他人做好准备。一旦现场被控制或时机成熟，迅速撤走、远离现场。

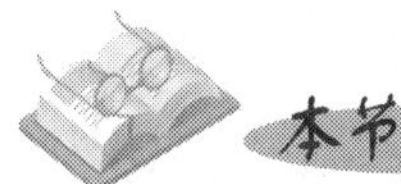

（1）如果发现可疑的爆炸物，应该怎样处理？

（2）如果遇到暴力事件，应该怎样做？

（3）举例说明你对暴力事件的看法。

第四节　性骚扰与性侵害

性骚扰是一方通过言语的或形体的有关性内容的侵犯或暗示，从而给另一方面造成心理上的反感、压抑和恐慌。性侵害主要是指在性方面造成的对受害人的伤害。性骚扰和性侵害是危害学生身心健康的问题之一。由于两性的社会地位和角色不同，相对而言，性骚扰和性侵害的受害对象以女性为主。因此，女学生了解一些性骚扰和性侵害的基本知识、掌握一些基本应对方法是很有必要的。

一、案例警示

2011 年上半年至 2012 年 6 月，被告人李吉顺在甘肃省武山县某村小学任教期间，利用在校学生年幼无知、胆小害羞的弱点，先后将被害人骗至宿舍、教室、村外树林等处奸淫、猥亵。李吉顺还多次对同一名被害人或同时对多名被害人实施了奸淫、猥亵。被害人均系 4～11 周岁的幼女。

本案被告人李吉顺作为人民教师，对案件中的被害人负有教育、保护的职责，但其却利用教师身份，多次强奸、猥亵多名幼女，其犯罪行为更为隐蔽，致使被害人更加难以抗拒和揭露其犯罪行为。本案被害人均为就读于小学或学前班的学生，李吉顺利用被害人年幼、无知、胆小的弱点，采取哄骗的手段在校园内外实施犯罪，严重摧残幼女的身心健康，社会影响极为恶劣。《中华人民共和国刑法》第二百三十六条规定："以暴力、胁迫或者其他手段强奸妇女的，处三年以上十年以下有期徒刑。奸淫不满十四周岁的幼女的，以强奸论，从重处罚。强奸妇女、奸淫幼女，有下列情形之一的，处十年以上有期徒刑、无期徒刑或者死刑。"

骚扰侵害女学生

案例回放

佩佩是湖南某职业技术学院大一学生，2012 年 5 月 5 日晚 9 点多，她与同校同学王某以及其他三名同学（两男一女）一起外出吃夜宵，并喝醉酒。当晚近 11 点，在两名男同学的协助下，佩佩被王某带至学校附近某酒店。随后，在该酒店 402 号房间内，王某对佩佩实施了性侵。第二天早上 6 点多，王某叫不醒佩佩，便叫来一起喝酒的几名同学，拨打了 120。急救人员到达后，发现佩佩已死去多时。

案例解析

佩佩夜晚与同学一起吃饭，并喝醉，结果导致悲剧的发生。作为学生，公共场合喝酒要有节制，尤其不能喝醉酒，而作为女学生，更应该洁身自爱，任何场合都应该保持头脑清醒，如果遭遇对方动手动脚时，要明确地予以拒绝。

喝酒要有节制

二、安全建议

（1）女学生避免穿暴露的服装外出；避免独自走夜路，尤其应避免走僻静的小路；夜间外出如果要经过偏僻处，最好请家人或同学陪同。

（2）不轻易与陌生人接近或交谈；避免与刚认识的男子独处或饮用由其提供的饮料。

（3）不单独一人进入僻静的教室或其他场所。如果独自在宿舍，要关好门窗，不要让陌生人进入。

（4）夜间不与陌生人一起乘坐出租车；不搭陌生人的便车。外出时，随时与家人或好友联系，让他们知道自己的位置。

（5）强身健体，学习简单的女子防身术，独自一人外出时应携带防身用品。

（6）对于那些失去理智、纠缠不清的无赖或违法犯罪分子，千万不要惧怕他们的要挟和讹诈，也不要怕他们打击报复。要大胆揭发其阴谋或罪行，及时向老师报告，学会运用法律武器保护自己。千万注意不能“私了”，“私了”的结果常会使犯罪分子得寸进尺、没完没了。

性骚扰与性侵害安全口诀

五月六月七八月，炎炎夏日衣裙少。
观念预防记心头，性侵财侵不得了。
小恩小惠莫随受，天上馅饼不会掉。
不在偏僻道路走，陌生人随赶紧跑。
交友慎重更自重，隐私部位保护好。
预防性侵最重要，身体健康是个宝！

三、应对措施

遇到性侵害时要保持冷静，随机应变，尝试与对方交谈，尽量拖延时间，乘其不备迅速逃离，并大喊救命。如果已经被犯罪分子纠缠，要把握时机、出奇制胜，狠、准、快地击打其要害部位，即使不能制服对方，也可制造逃离险境的机会。同时，设法在案犯身上留下印记或痕迹，以备追查、辨认案犯时作为证据。牢记罪犯的特征，及时报警，千万不能因为顾及面子而隐匿不报。

（1）遇到性骚扰和性侵害时应该怎么摆脱？

（2）如何预防性骚扰和性侵害？

第五节　宗教信仰安全

宗教信仰是指信奉某种特定宗教的人群对其所信仰的神圣对象（包括特定的教理教义等），由崇拜认同而产生的坚定不移的信念及全身心的皈依。这种思想信念和全身心的皈依，表现和贯穿于特定的宗教仪式和宗教活动中，并用来指导和规范自己在世俗社会中的行为，属于一种特殊的社会意识形态和文化现象。但有些不法分子冒用宗教、气功或者其他名义，神化首要分子，利用制造、散布迷信邪说等手段迷惑、蒙骗他人，发展、控制成员，建立危害社会的非法组织，成为国际公害。当今世界上有邪教组织近万个，他们制造了一系列骇人听闻的事件。

一、案例警示

2014年5月28日，山东招远，6名“全能神”成员在麦当劳餐厅向正在就餐的吴某索要电话号码，遭拒绝后，将其残忍殴打致死。案发后，招远市公安局出警民警快速反应，4分钟内到达案发现场，将张某等六人抓获到案。

张某等六人严重受到邪教的影响，歪曲事实，虚构角色，自以为是，被捕后，对殴打吴某致死的犯罪行为供认不讳，经最高人民法院核准，山东省烟台市中级人民法院依法对犯故意杀人罪、利用邪教组织破坏法律实施罪的罪犯张帆、张立冬执行死刑。

南美的“人民圣殿教”大肆宣扬世界末日来临，人人难逃核战大劫，1978 年 11 月 18 日，914 名教徒被骗服毒死亡，其中有 276 名儿童。日本的“奥姆真理教”，1995 年在东京地铁施放毒气，造成无辜乘客死伤 5000 多人。

邪教对人的残害是巨大的，上述两起案例中，受害人数巨大，让人触目惊心。邪教往往抓住人们的心理，迎合人们的需求，用美丽诱人的言辞骗人入教，得手后就恶毒地用歪理邪说麻醉人们，慢慢地毒蚀人们的心灵，最后使信徒被精神控制而走上绝路。信徒们之所以会被精神控制，是因为他们入教后，长期被封闭在邪教的生活圈子里，与外界隔绝，久而久之，他们的视野就会变得狭窄，意识就会变得模糊，感觉敏锐力下降，甚至于失去对现实世界的正确理解和判断能力，最后导致践踏人权，残害生命。

二、安全建议

（1）邪教往往打着合法宗教的幌子骗人。防范和抵制邪教的关键是要增强防邪意识，掌握防范抵制邪教的方法。

（2）树立科学精神，大力加强科普知识的学习，自觉抵制迷信、伪科学和反科学的侵袭。

（3）健康生活，积极参加各种体育锻炼，培养良好的生活习惯。

（4）增强防邪意识，对邪教歪理邪说做到不听、不看、不信、不传，绿色上网，拒绝网上邪教宣传。

（5）智慧地抵制邪教。发现邪教违法犯罪行为后，要勇于揭露、举报、起诉。

（6）带动亲人朋友远离邪教。

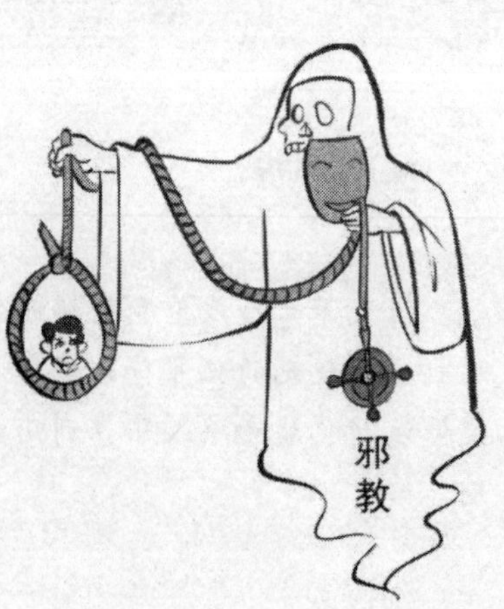

邪教的危害

邪教危害口诀

邪教邪教，胡说八道，编造邪说，给人设套，只要你祈祷，神来把你照。

邪教邪教，乱七八糟，有病不治，耽误治疗，敛财又骗色，害人真不少。

邪教邪教，旁门左道，蒙骗恐吓，拉人入教，一旦入邪教，全家都糟糕。

邪教邪教，趁早打掉，发现邪教，及时报告，科学是正道，守法最重要。

三、应对措施

遇到邪教非法活动，如电话骚扰、滥发传真、电子邮件、手机短信、散发邪教宣传品、网络宣传等非法宣传活动，要及时向老师报告，情节严重的，迅速拨打 110 报警。在网络聊天室看到有人在散布邪教言论时，及时告知网络管理员将其剔除。遇到有人拉你人邪教，不要隐瞒自己不信邪教的观点，因为态度暧昧会使他们对你纠缠不休。

（1）邪教有哪些危害？

（2）应对邪教有何安全建议？

（3）如何预防邪教的危害？

第六节　公共设施安全

公共设施是指为大众提供的各种公共性、服务性设施，按照具体的项目特点可分为教育、医疗卫生、文化娱乐、体育、交通、社会福利与保障、行政管理与社区服务等。由于种种原因，因公共设施引发的安全事故频发，例如电梯伤人、井盖吞人、健身器材事故等，因此，我们除了要爱护公共设施以外，还要了解一些公共设施的安全隐患和应急处理办法，减少和避免意外伤害事故的发生。

一、案例警示

2015 年 3 月 18 日上午 7 时多，家住南宁澳华花园小区的何女士正准备出门上班，突然接到母亲电话，说她从健身器材上摔下来受伤了。何女士赶紧与家人跑到小区中心花园，发现母亲痛苦地躺在地上，右脚踝处肿了一大块。经送医院检查，伤者被诊断为右脚踝骨折。事后，何女士了解到，“漫步机”的一个“脚”坏了，母亲刚踩上去就摔了。

案例解析

何女士的母亲在健身之前没有注意到这个“漫步机”已经损坏，结果刚踩上去就发生了安全事故。各社区和物业相关部门要在每个健身器材上标注安全提示，预防安全事故发生，如健身器材有损坏需停止使用。

2015 年 7 月 26 日上午，湖北荆州市安良百货公司手扶梯发生事故，据监控视频，一对母子乘坐上行手扶电梯，当母亲抱着孩子走上最后一块踏板的时候，原本已翘起的踏板突然下陷，母亲在遇险那一刻，奋力将幼小的儿子托举出去，旁人立即救下孩子，而她却被电梯卷走。

案例解析

百货公司工作人员发现电梯盖板有松动翘起现象，但未采取停梯检修等应急措施，导致当事人踏在已松动翘起的盖板末端发生翻转，坠入机房驱动站内防护挡板与梯级回转部分的间隙内，属安全生产责任事故。作为普通市民，我们则要提高自身防范意识，掌握基本的电梯乘坐安全知识。

二、安全建议

乘坐手扶电梯

（1）上电梯前，确定电梯运行方向，避免踏反。

（2）不要将头、手伸到扶手带以外的区域。

（3）不要随意玩弄扶手、梳齿板或梯级等有相对运动的部件。

（4）要照顾好随行的幼儿，大人应当陪同小孩乘梯。

（5）教育小孩不要在扶梯附近攀爬玩耍，不要在扶梯上打闹、逆行或坐卧在梯级上。

（6）进入扶梯时，不要踩在两个阶梯的交界处，以免因前后阶梯的高差而摔倒。

（7）乘坐扶梯时，紧握扶手，双脚稳站在梯级黄线内，不要靠在扶梯两边或倚在扶手上。

（8）当出现突发状况时，不要紧张，大声呼救，提醒他人马上按下紧急停止按钮。

（9）如不慎摔倒，应两手十指交叉相扣、护住后脑和颈部，两肘向前，护住双侧太阳穴。

（10）不要光脚或穿着松鞋带的鞋子乘坐扶梯。

（11）留意长裙或垂地的衣服，留意洞洞鞋等轻薄的鞋子，防止扶梯“咬”住裙子和鞋底。

乘坐直梯

（1）不要靠在电梯轿厢门、楼层门上，禁止撬门、撞门以免发生意外。

（2）切勿超载使用电梯，以免发生意外；电梯开门后，先出后进。

（3）不要乱按按钮，否则会降低电梯的运行效率。

（4）轿厢照明灯亮时才能乘梯，轿厢内严禁吸烟，以免引起火灾。

（5）乘客切勿在轿厢内上下、前后跳动，以免电梯安全装置误动作，引起电梯不正常运行。

（6）残疾人请使用专用电梯或有专人陪同乘梯，带小孩乘电梯要紧紧握住孩子的手；勿让幼童单独乘电梯。

（7）乘客可以按电梯内操作面板上的“关门按键”关闭电梯门；电梯门扇亦会定时、自动关闭，乘客切勿在楼层与轿厢接缝处逗留，以免被夹伤。

乘坐电梯安全口诀

乘电梯，看须知，讲秩序；门关闭，身莫挡，防伤己；
井道深，莫踹门，防坠底；遇困梯，莫扒门，呼应急；
乘扶梯，握扶手，靠右立；踏板边，有间隙，要注意；
扶手外，危险区，需远离；出入口，不停留，莫嬉戏；
不攀爬，不逆行，防万一；我遵章，你守纪，齐欢喜。

三、应对措施

如发生公共设施安全事故，根据发生的情况，及时拨打110、119、120或999。

如果被困在电梯里，可以按下警铃和求救电话求助，在电梯角落下蹲抱头（以防下坠），耐心等待救援，不可擅自采取撬门、扒门等错误的自救方法。

如果电梯出现故障下坠，无论有几层，赶紧把每一层楼的按键都按下（切记要从底部往上按，以最快的速度全按亮，哪怕不亮也按）。如果电梯内有手把，请一只手紧握手把。整个背部跟头部紧贴电梯内墙，呈直线，膝盖呈弯曲姿势。因为你不会知道它何时着地，且坠落时很可能引发全身骨折。

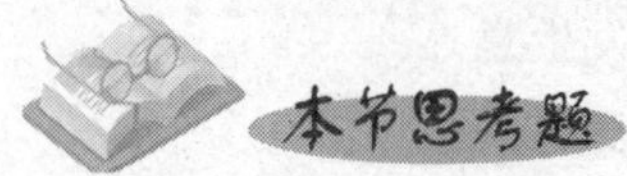

（1）乘坐电梯时有何安全建议？

（2）如果被困在电梯里应该怎么办？

第五章　交通安全

随着社会交往的日趋频繁，交通出行已成为人们学习、生活、工作的重要组成部分，而且关系越来越密切。在城市生活中，交通状况日趋复杂，交通压力日益严重，交通风险也随之不断上升，因此，无论是步行、骑行、驾车，还是乘坐公共交通工具，都要注意安全。

近年来，我国的机动车数量不断攀升，超速、超员、超载、酒驾、闯红灯、怒驾、毒驾、不礼让行人等危险行为时有发生，交通事故已成为威胁人们生命安全的重要因素之一。据不完全统计，世界上每年道路交通事故造成约 50 万人死亡，1000 多万人受伤。在我国，每年因车祸死亡 10 万人左右，有近八成交通事故是由于行人或非机动车违法造成的，真可谓“车祸猛于虎”。而避免交通事故最有效的方法就是遵守交通规则和遵守各类交通工具的使用规定。如果不幸被卷入交通事故，就需要采取有效的应对措施使自己尽快脱离危险，因此掌握各种交通工具的特性及相应的逃生方法非常重要。

第一节　步行安全

行人是交通事故中的弱势群体，极易受到各种交通工具的伤害。很多同学认为遵守交通规则只是机动车驾驶员的事，即便机动车与行人之间发生了交通事故，也是机动车驾驶员负主要责任。这种想法是不对的，也是很危险的。凡是交通的参与者，都应该自觉地遵守交通规则，尤其是处于弱势群体的行人，在遵守交通规则的同时要主动躲避机动车辆，以保护自己和他人的人身安全。另外，当使用旱冰鞋、滑板等工具时，一定不要在开放性的交通环境中滑行，以免控制不住或躲避不及，造成人身伤害。

一、案例警示

2014 年 11 月，上海市一位四十岁左右的中年妇女在路口的斑马线上等待红绿灯时，被一辆转弯行驶的大货车撞倒并碾压，当场死亡。交警赶到现场后发现，因为那位女士所站位置与货车通行时距离较近，正处在了货车的内轮差区域，才被车尾撞倒。

车辆在转弯的时候，由于前后轮行驶轨迹的不同，产生的差值区域叫内轮差。车辆在转弯过程中即使车头已绕过行人，由于内轮差的存在，车身也有可能碰撞到行人。上述案例就是因为驾驶人员忽视车辆内轮差的存在，才导致严重的事故。若该女士站在人行道基石上等红绿灯，也许悲剧就会避免。

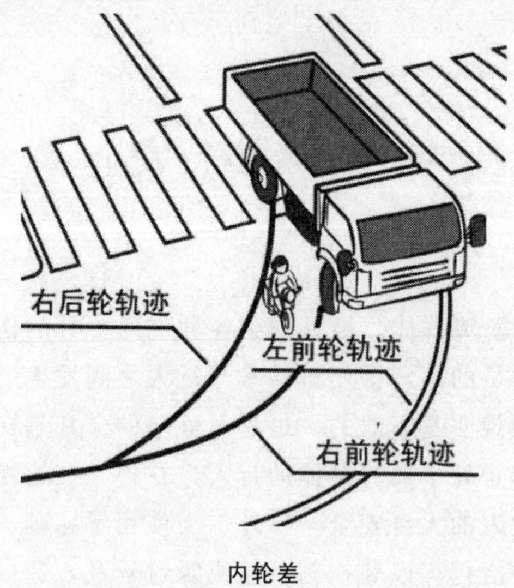

内轮差

2014 年 11 月 15 日，一位姓胡的男子驾驶着轻型货车在路上行驶，这时，发

现路上出现一个男子正在横穿马路，胡某赶紧鸣笛以及采取制动措施，但由于该男子头戴耳机，没有听到鸣笛继续往前走，最终被货车撞飞 10 多米远，后因伤势过重，抢救无效而死亡。

当公路上车况较好时，驾驶员经常会以道路限制的最高速度行驶，突然发现横穿马路的行人，很难立即将车停住。此案例中，死者没有及时发现路上的车辆，加上戴着耳机，没有听到司机发出鸣笛警告，没能在第一时间采取躲避措施，因此造成了严重的后果。行人在公路上行走时，切忌戴耳机，尤其在穿行马路时，一定要注意躲避机动车辆，切莫疏忽大意。

二、安全建议

(1) 在等待过马路时，尽量站在人行步道上，当允许通行时，千万不要同转弯的车辆抢行，最好保持 3 米以上的距离。

(2) 过马路时尽量走人行横道并按交通信号灯指示通过。当黄灯亮时，不准行人通过，已进入人行横道的行人需快速通过。

(3) 过马路最好选择过街天桥或地下通道。

(4) 通过路口时，要遵循“一慢、二看、三通过”的原则，确认安全后方可通过。

(5) 行走时要专心，并随时留意周围情况，不要边走边看手机，也不要戴耳机过马路。

(6) 不要在行车道上追逐、猛跑，或在车辆临近时突然猛拐横穿。

(7) 不要扒车、强行拦车或实施妨碍道路交通安全的其他行为。

(8) 不要在汽车尤其是大车附近停留或玩耍，以防车辆突然启动造成危险。

(9) 在雾、雨、雪天气及夜间出行时，最好穿着颜色鲜艳或有荧光反射的衣服，以便机动车司机及早发现。

行路五不要

(1) 不要图方便，走“捷径”，乱穿马路。

(2) 不要在车前、车后急穿马路，在车行道内坐卧、停留、嬉闹。

（3）不要钻越、跨越、倚坐人行护栏或道路隔离设施，扒车、强行拦车。

（4）不要在道路上使用滑板、旱冰鞋等滑行工具。

（5）不要进入高架道路、高速公路以及其他禁止行人进入的道路。

三、应对措施

在遇到机动车突然撞来时，应立刻判断车辆的前行方向，迅速躲避。当行人与机动车发生事故后，首先要注意做好自我保护，避免其他车辆或其他原因造成更大伤害，同时记下肇事车辆的车牌号、车体特征（如品牌、车型、颜色、损坏位置等）等信息，并立即拨打122报警，等候交通警察前来处理。如果事故中有人受伤，要在保证自己安全的情况下，先控制现场，然后拨打120或999急救电话，同时尽可能对伤者进行必要的急救处理，注意先救命后治伤。

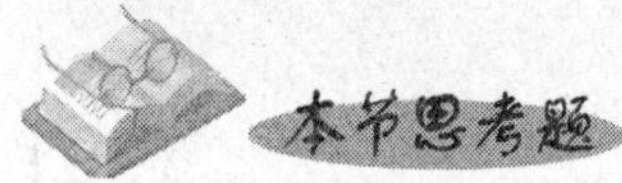

（1）行人在通过没有交通信号灯的路口时，怎样做最安全?

（2）遇到机动车突然撞过来时，应采取怎样的应急避险措施?

（3）行人与机动车发生事故后，应该采用怎样的步骤进行处理?

第二节　骑行安全

自行车作为日常主要的交通工具之一，不仅方便快捷，更是满足了现代人对于绿色低碳出行的要求。无论是平时上学，还是节假日出游，越来越多的学生愿意将自行车作为代步工具。而在当下车多人多的骑行环境中，一旦在骑车时不注意安全规范，就极有可能导致危险和意外伤害的发生。另外，随着科技的发展，电动自行车以其方便、快捷、价格较低、实用性高等优势，越来越受到人们的青睐，其市场保有量与日俱增，在骑行电动自行车时，一定更要遵守交通法规，避免发生不必要的伤害。

一、案例警示

2015年7月14日下午4时许，位于江苏省扬州市广陵区广陵中学路段发生一

起自行车交通事故，由于三名中学生在步行道上逆向并排骑行，其中一名骑行者因避让步行道上的一名戴耳机的女子而干扰了另外一名骑行者，使其摔倒在机动车道上，不幸被后方正常行驶的摩托车撞伤，造成右手骨折。

城市中的步行道比较窄，而且行人较多，在步行道上单人逆向骑行时，尚且存在撞到行人的隐患，更何况三人并排骑行。并排骑行时车把距离一般较小，其中一人突然调整方向的话，极易干扰相邻的骑行者，进而发生危险。

2016 年 1 月，安徽泾县一名高中生骑着电动自行车在公路上行驶，他先是靠在道路右侧行驶，很快向左转弯，超越了左前方正常行驶的车后，继续向左转弯，越过道路中间的黄实线时，突然遇到左侧一辆轿车迎面驶来，轿车避让不及发生猛烈碰撞，造成该名学生身体受伤。

电动自行车属于非机动车，应该在非机动车道内行驶，案例中的高中生安全意识淡薄，在没有任何提示下违规变道，借用机动车道行驶，甚至强行通过黄实线，造成与左侧正常通行的车辆发生碰撞，导致事故发生。

二、安全建议

（1）出发前要对自行车进行安全检查。

（2）要在转弯前减速慢行，向后张望，伸手示意。

（3）骑行者若需要穿过没有信号灯的路口，需在到达路口前减速或停车，左右观察来往车辆和行人情况，确定安全后再通过路口。

（4）骑行者应尽量避免在人多的步行道上骑行，若不得已要从步行道上通过，一定要下车推行。

（5）骑“死飞”自行车上路前，一定要加装制动系统，同时，熟练掌握车辆制动技术。

(6) 骑行时尽量避免撑伞，也不要在自行车上加装撑伞支架，同时也建议，雨天出行应尽量选择公交车、地铁等交通工具。

(7) 两人及两人以上共同骑行时，应该呈一路纵队，同时保持安全间隔，禁止并排骑行；当要超越前方车辆时，应提前按车铃，提醒被超车辆继续按照原来路线骑行。

(8) 骑行时，若要从机动车旁边绕行，应先减速，尽量与车保持 1 米以上的距离，避免车内人开门下车而与车门相撞。

(9) 在光线较差的路面或夜晚骑行时，一定要使用照明设备，以此提醒其他行人注意安全，避免相撞；若没有照明设备，一定要减速慢行或下车推行。

(10) 骑电动自行车时一定要遵守交通法规，不能超速、超载，注意躲避机动车，避让行人。

(11) 骑行时，若突遇情况需要紧急刹车，应同时使用前后刹车制动并控制身体重心不要过于前倾，避免突然刹车造成的翻车及侧滑。

自行车安全设备

骑车十不准

(1) 不准闯红灯或推行、绕行闯越红灯。

(2) 不准双手离把、攀附其他车辆或手中持物。

(3) 不准在市区或城镇道路上骑车带人。

(4) 不准在机动车道、人行道上骑车。

(5) 不准在道路上学习驾驶骑车。

(6) 不准醉酒骑行、扶肩并行、互相追逐、曲折竞驶、突然猛拐。

(7) 不准牵引车辆或被其他车辆牵引。

(8) 不准擅自在自行车、三轮车上加装动力装置。

(9) 不准违反规定载物。

(10) 不准未满十二岁的儿童在道路上骑自行车。

三、应对措施

《道路交通安全法》第七十六条规定：机动车与非机动车驾驶人、行人之间发生交通事故，非机动车驾驶人、行人没有过错的，由机动车一方承担赔偿责任；有证据证明非机动车驾驶人、行人有过错的，根据过错程度适当减轻机动车一方的赔偿责任；机动车一方没有过错的，承担不超过百分之十的赔偿责任。因此，骑车时一旦与机动车发生事故，要注意自我保护，必要时拨打122报警，等候交通警察前来处理。若遇到撞人后驾车或骑车逃逸的情况，应记下逃逸车辆的车牌号，并立即拨打122报警或向周围群众求助。如果事故中有人受伤，在保障自己安全的情况下，拨打120或999急救电话，同时尽可能对伤者进行必要的急救处理，注意先救命后治伤。

(1) 骑车前如何对自行车安全检查?

(2) 你是否了解“死飞”自行车?若骑驶未经改装的“死飞”自行车上路会有什么危险?

(3) 骑车时若与机动车发生事故，应该采用怎样的步骤进行处理?

第三节　乘车安全

在日常生活中，中职生选乘出租车、公交汽车、长途汽车等交通工具出行的机会较多，在等待和乘坐时一定要遵守公共秩序。近年来，由于交通环境日趋复杂，由车辆引发的交通事故频频发生，又常常因为乘客的疏忽大意，造成事故中的意外伤害，因此了解乘坐汽车出行的相关安全知识非常必要。

一、案例警示

一辆由上海开往浙江上虞的大客车，冒雨行驶在沪昆高速浙江嘉兴段，车速相当快，车上的乘客完全没有意识到危险，聊天、睡觉，甚至在车厢里走来走去。突然失控的大客车一头撞上高速公路右侧的护栏，然后发生侧翻。车辆失控后，乘客们尽管已经拼命抓住椅背或扶手，但发生碰撞的瞬间，身体还是很快被甩了出去。侧翻事故导致 22 名乘客中，1 人死亡，21 人受伤。

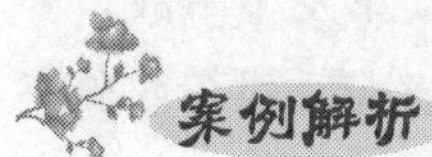

大客车在高速行驶时，一旦出现急刹车、急转弯或撞车、追尾等情况，由于惯性，人的身体会因不受控制而与周边物体产生碰撞，从而造成身体伤害。因此，系上安全带是非常重要的保命措施。案例当中，由于乘车人员的安全意识淡薄，上车没有系安全带，最终导致悲剧发生。

2013 年 10 月 5 日下午 3 时许，湖南长沙的马先生夫妇带着 5 岁的孙子准备乘中巴车外出，汽车启动的一瞬间，小孩伸在窗外的头部卡在了车窗和线路标识牌之间，随后小孩被紧急送往医院抢救，经诊断为颅底骨折、颅内出血及颈椎错位，最终因伤势过重而死亡。

汽车外壳是车内乘车人员最重要的“安全保护服”，若将头、手等部位伸出窗外，也就失去了这个保护。而当伸出车外的部位与外部物体碰撞时，车窗也会对身体造成伤害。案例当中就是由于小孩的头部伸出窗外卡在了车窗和线路标识牌之间，事故因此而发生。

二、安全建议

（1）上车后迅速观察车辆情况，确认车辆安全门、安全锤及车门锁开关位置等，同时系好安全带。

（2）车辆行驶当中禁止将身体的任何部位伸出车外，不准向车外丢弃物品。

（3）乘车途中要扶稳坐好，车辆在行驶过程中不要与司机说话，以免干扰驾驶。

（4）禁止在车停稳前抢上、抢下，下车时要观察车门外有无来往车辆。

（5）禁止携带易燃、易爆等危险品乘车。若在车内闻到烧焦物品的气味或看到不明烟雾、不明物体时，要及时通知司售人员，同时撤离到安全位置，切勿自行处置。

（6）乘车时要注意保管好手机、钱包等财物，尤其在人多拥挤时，以免财物被盗。

（7）切勿乘坐“黑车”“黑摩的”等非法交通工具。

（8）避免乘坐在货车车厢内，因为货运车厢仅为装卸货物方便而设计，没有考虑乘车人安全而设置扶手、座位等设施，车辆转弯时的离心作用或行驶中因车身颠簸很容易导致磕碰等伤害。

（9）一旦发生意外事故，切忌惊慌、拥挤，应服从司售人员的指挥，积极开展自救和互救。

轿车里哪个座位最安全

美国的一个专家小组，通过近10年的事故调查分析和实车检测后得出结论：如果将汽车驾驶员座位的危险系数设定为100，则副驾驶座位的危险系数是101，驾驶员后排座位的危险系数是73.4，副驾驶后排座位的危险系数为74.2，后排中间座位的危险系数为62.2。也就是说，小汽车内安全性由大到小可排列为：后排中间座位、驾驶员后排座位、后排另一侧座位、驾驶座位、副驾驶座位。

三、应对措施

（1）乘车时若突遇车辆失控，不要惊慌，应抓紧扶手，身体远离车辆靠近障碍物的一侧，不能影响驾驶员操作，更不要盲目跳车。

（2）在碰撞发生前，要深坐在座椅中，双手抱住膝盖，将头埋在膝盖上方，若前方靠背较近，也可以将手抵住靠背，头放在手背上。

（3）对于客车，司机座位旁边和前、后车门顶部各有一个应急断气开关，目前一些新车的车辆外部，位于前车门旁也各安有一个紧急开关。突遇紧急情况时，车外人员可以按此开关打开车门。在打开应急开关后，乘客便可顺着开门的方向，手动打开车门。如车门无法开启，应使用安全锤将玻璃击碎。

（4）若汽车掉入水中，通常将会快速下沉，此时若车门或车窗开启应迅速逃生，若车窗、车门紧闭，可借助安全锤破窗逃生，但要注意保护面部。

（5）突遇车内着火时，一定要保持头脑冷静，不要慌乱，首先打开附近的车门，其次应用安全锤砸击车窗的破窗点或车窗的四个边角，注意用手臂护住面部，砸破后用脚将玻璃踹出窗外后逃生。

自我防护的姿势

（1）为什么不能将头等部位伸出车窗？

（2）乘车过程中即将发生碰撞，怎样的姿势可以减少一些伤害？

第四节　轨道交通出行安全

轨道交通具有较高的运载力、较高的准时性、较高的速达性、较高的舒适性、较高的安全性、较低的运营费、较低的污染性等特点。随着城市地铁与高铁建设里程不断增加，乘坐轨道交通已成为人们主要的出行方式之一。相比于汽车、轮船等交通工具而言，轨道交通事故发生的概率小，但因设备故障、人为破坏、不可抗力等因素，也可能突发重大安全事故。因此，掌握一些基础知识和应对措施也是十分重要的。

一、案例警示

2014 年 11 月 6 日 18 时 57 分，正值北京地铁晚高峰期间，北京地铁 5 号线惠新西街南口站，一名 33 岁女性乘客在乘车过程中被卡在屏蔽门和车门之间，列车启动后掉下站台，后经医院抢救无效身亡。

早晚高峰期间，地铁的人流量非常大，为尽快赶回家，乘车人员通常不顾拥挤，车厢拥堵情况时常发生，案例中的乘客被夹在屏蔽门和车门之间就是因非常拥挤而造成的。而从地铁方面来看，由于没有在车门空隙安装感应装置，当出现意外时，车辆照常行驶也是导致乘客掉下站台而最终死亡的原因之一。

2008 年 10 月，王某和同学在南京某地铁站乘坐地铁时，蹲在靠近轨道的站台上，此时列车进站，王某猛地起身，忽然一阵头晕，栽倒掉入轨道内，当场被撞身亡。

案例解析

在地铁或高铁站候车时，站台都会有警戒线，候车者应在黄色警戒线外候车。一旦超越警戒线候车或者玩耍，就有可能发生坠落或被列车撞到的危险，案例当中的受害者，就是由于超出警戒线候车才遭遇危险。

二、安全建议

（1）站台候车时，一定要站在黄色安全线以内，不要在站台上奔跑、打闹。

（2）禁止在车门即将关闭时抢上、抢下，同时要注意脚下站台间隙。

（3）在车上要注意保管好自己的手机、钱包等财物，尤其在人多拥挤时，以免被盗。

（4）乘车过程中不要倚靠在车门上，应尽量往车厢中部走，一旦发生撞车事故，车厢两头和车门附近是最危险的。

（5）中途到站停车时，要看住行李物品，防止下车的旅客拿错行李或小偷趁乱行窃；应尽量减少下车，如需下车购物，要将贵重物品随身携带，快去快回。

（6）严禁摆弄火车上的专业设备。

（7）严禁携带烟花爆竹、管制刀具、汽油等违禁物品上火车。

（8）要熟记车上安全通道位置及安全设备的使用方法。

（9）在候车、乘车、到站后，应对陌生人的搭讪、借手机等行为提高警惕，不要向陌生人透露自己的身份、手机号码、银行账号等私人信息。

（10）高铁列车是全封闭车厢，运行速度快。在运行中，一旦有旅客在车厢内的任何部位吸烟都会触发烟雾报警器，从而导致列车自动降速甚至紧急停车，严重影响列车安全。

（11）不要在轨道上玩耍、停留或摆放小石子，更不要向行驶的列车投掷杂物。

（12）不得翻越、损毁、移动铁路线路两侧防护围墙、栅栏或其他防护措施。

（13）一旦发生紧急情况，听从乘务人员指挥，不要慌乱逃生，以免发生其他危险。

铁路禁止携带托运物品

枪支、械具类（含主要零部件）、爆炸物品类、管制刀具、易燃易爆物品、毒害品、腐蚀性物品、放射性物品、传染病病原体。《铁路危险货物品名表》所列除上述物品以外的其他物品以及不能判明性质可能具有危险性的物品、国家法律、行政法规规定的其他禁止乘客携带托运的物品。

三、应对措施

1. 被夹于屏蔽门和车门之间，该怎么办？

（1）设法抵住车门，哪怕让门夹住胳膊或腿，决不让它关闭，只要门不关闭严实，列车决不会开动。

（2）若不幸屏蔽门、车门都已经关闭，那么屏蔽门内侧有一对黄色或红色的把手，不需要很大的力气掰开就能屏蔽门，哪怕屏蔽门打开一个小缝隙，列车也会紧急停止。

（3）若是站台上的围观群众，应立刻按动站台柱子上的紧急停车按钮，紧急停车按钮一般位于靠近车头和车尾站台的柱子上。

（4）若作为列车上的乘客，应立刻按动车厢中的乘客报警按钮或紧急开门栓，它们通常位于车门两侧或窗户上方，也有些在车厢连接处。

报警按钮或紧急开门栓的位置

2. 若不慎掉下站台怎么办？

一旦不慎掉下站台，应该赶紧大声呼救并向工作人员示意，工作人员会及时施救。如果坠落后看到有列车驶来，最有效的方法是立即紧贴里侧墙壁。在列车停车后，由地铁工作人员进行救助。千万不要就地趴在两条铁轨之间的凹槽里，因为列车和枕木之间没有足够的空间使人容身。如果是物品掉到站台下，不要跳下站台捡拾，以免触电或被行驶的列车撞伤，应由工作人员用专用工具捡拾。

3. 火车紧急制动时该如何应对？

火车发生出轨的征兆是紧急刹车、剧烈晃动、车厢向一边倾倒。此时面朝行车方向坐的人要马上抱头屈肘伏到前面的坐垫上，护住脸部，或者马上抱住头部朝侧面躺下；背朝行车方向坐的人也应马上用双手护住后脑部，同时屈身抬膝护住胸、腹部；如果座位不靠近门窗，应留在原位，抓住牢固的物体或者靠坐在座椅上，低下头，下巴紧贴胸前，以防头部受伤；若座位靠近门窗，就应尽快离开，跑到车厢中部并迅速抓住车内的牢固物体。

本节思考题

（1）若不慎被夹于屏蔽门和车门之间，该怎么办？

（2）乘坐轨道交通出行时，有哪些注意事项？

（3）火车在行驶过程中遇到紧急情况突然制动时，该采用什么方法保护自己？

第五节　乘船安全

随着经济的发展，我国水上交通运输得到快速发展，乘船出行的乘客数量逐年增加，但受天气以及其他人为因素的影响，沉船事故时有发生。因水上逃生和救援的难度远远大于陆地，所以一旦发生事故，就会对乘客人身安全造成极大的威胁，希望大家通过学习本部分内容，能了解一些安全乘船的常识和容易引起沉船事故的原因，同时掌握一些自救逃生的方法，避免和减少伤害事故的发生。

一、案例警示

2004 年 12 月 17 日 15 时 40 分，陕西省安康市紫阳县向阳镇瓦房渡口发生一起机动渡船沉船事故，造成 8 人死亡，2 人失踪的严重后果。据初步调查，该船属于非法运营，造成事故的主要原因是人员超载。

未办理登记或是未经过船舶检验合格的船舶，其安全结构、设备、船员配备、载客定额数等往往难以保证，容易因利益驱使而出现人员超载、危险驾驶等情况，这些都是事故发生的主要隐患。此次沉船事故就是人员超载造成的，若乘船人员事先发现问题，拒绝乘坐违规船只，也许悲剧就不会发生。

2009 年 8 月的一个下午，河北沧州一名学生乘船旅行。轮船行驶中，他趁船员不注意，站到甲板边缘低头欣赏波浪，不慎失足落水。幸好被船员及时发现，才没有造成严重后果。事后船长解释说：“站在甲板往下看时，有些人会产生一种眩晕的感觉，若不注意，很容易失足落水。”

船只行驶时，若站在甲板边缘处，由于身体受到船身振动、摇晃的刺激，人体不能很好地适应和调节机体的平衡，容易使神经功能发生紊乱，引起眩晕，极有可能导致身体失衡而落入水中。案例中的学生就是因为上述原因失足落水，幸好被船员及时发现才幸免于难。

二、安全建议

（1）严禁乘坐缺乏救护设施、无证经营的船只，更不能冒险乘坐超载的船只或“三无”船只（没有船名、船籍港、船舶证书）。

（2）遭遇大风大雨、浓雾等恶劣天气时，应尽量改乘其他交通工具。

（3）严禁携带烟花爆竹、汽油等危险物品上船。

（4）上下船时，须等船只靠稳，工作人员安置好上下船的跳板后才可行动。

（5）上下船不要拥挤，不能随意攀爬船杆，更不能跨越船挡，以免发生意外落水事故。

（6）上船后要留意观察安全通道，记住救生衣、救生船、灭火器、灭火栓的位置及使用方法。

（7）不能将行李放置在阻塞通道和靠近水源的地方。

（8）禁止在船上嬉闹，不能拥挤到甲板一侧观景，不能紧靠船边摄影，更不能站在甲板边缘向下看波浪，以防眩晕或失足落水。

（9）如遇大风浪，发生颠簸，要听从工作人员的指挥，不要惊慌、乱跑或大叫，以免造成混乱，使船体失衡颠覆。

（10）发现船体剧烈颠簸时，要高度戒备，换上轻装，脱掉鞋子，确认最近的救生设备及逃生路径。

（11）若所乘船只发生局部失火或其他不安全现象，应及时与工作人员联系。在未搞清情况之前，切勿大声喧哗。

拉链式救生衣穿戴“三步法”

第一步，把救生衣套在身上，拉紧拉链。

第二步，将救生衣下边两根最长的缚带分别穿过左右两边的扣带环，绕到背后交叉，再将缚带绕回胸前，打死结系紧。

第三步，将颈部缚带打死结系紧。

拉链式救生衣的正确穿戴

三、应对措施

（1）如果从船上不慎落水，除了尽量保持身体悬浮于水面之外，最重要的就是要引人注意，寻求救援或呼救，拍击水面发出声音。

（2）所乘船只发生火灾时，不要盲目乱跑乱撞或一味等待他人救援，应赶快自救或互救逃生；客舱着火时，舱内人员在逃出后应随手将舱门关上，以防火势蔓延，并提醒相邻客舱内的旅客赶快疏散。

（3）若情况紧急不得不跳水时，不管水性好与坏，都要穿上救生衣或戴上救生圈；跳水前应尽量选择较低的位置，并查看水面，避开水面上的漂浮物，如果船左右倾斜则应从船首或船尾跳下；跳水时双臂交叠在胸前，压住救生衣，双手捂住口鼻，以防跳下时呛水。眼睛望前方，双腿并拢伸直，脚先下水。

（4）在水中穿着救生衣或持有救生圈时，应采取团身屈腿的姿势以减少体热散失；如果自己的水性只能勉强保护自己而无力救助他人，尽量不要从他人面前游过，以免被没有水性的游客抓住不放，而耽误自救，导致双双遭遇不幸。

（5）除非离岸较近，或是为了靠近船舶及其他落水者，以及躲避漂浮物、漩涡等，一般不要无目的地游动，以保存体力。

（6）如果船上的救生用品不够用，可以将质地密实的裤子裤腿绑在一起扎紧，迎风灌满空气后套在脖子上，可以使头部露出水面。如果身边有空的饮料瓶，也可以将空饮料瓶塞进裤子内，这样可以长时间使用。

（7）若在海中遇险，请耐心等待救援，看到救援船只挥动手臂示意自己的位置。如果在江河湖泊中遇险，若水流不急，可游到岸边；若是水速过急，不要直接朝岸边游，而应该顺着水流游向下游岸边；如果河流弯曲，应向内弯处游，通常那里较浅并且水流速度

较慢。

（1）乘坐非正规单位运营船舶有什么危险？

（2）乘船时不能携带哪些物品？

（3）穿救生衣跳水逃生时，该如何做？

第六节 乘飞机安全

随着人们生活水平日益提高，越来越多的人在长途旅行中选择乘坐飞机，但由于高空、高速飞行，飞机一旦遭遇事故往往后果比较严重，因此，乘机安全问题一直被乘客所关注。了解乘机安全常识和一些自救措施，能够帮助人们减轻乘机时的不安心理。

一、案例警示

2013年7月6日，由韩国仁川飞往美国旧金山的飞机在降落时，因起落架异常，飞机滑出跑道，机身起火。事故造成180人受伤，49人重伤，另有2人身亡。经事故调查组推断，这2人可能是在飞机未降落时就解开了安全带，被失事客机尾部撞击地面时产生的强大冲击力甩到了机舱外。

飞机在起飞和降落期间，是飞机最容易发生事故的阶段。飞机未停稳就解开安全带，在飞机俯冲时或突然向上爬行、转圈时，容易将人甩出座位，造成伤亡。案例当中的遇难者由于缺乏安全意识，降落前解开安全带才造成惨剧发生。

2012年3月，由成都飞往北京的航班，在飞行过程中，乘客李某因疏忽未将手机关机，对飞机导航系统产生干扰，造成飞机偏离正常航线30°。所幸当晚天气较好，加上机组人员及时发现，采取了补救措施，没有对飞行造成影响。北京首都机场公安分局依据有关法律给予李某行政拘留5天的处罚。

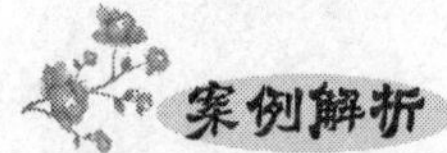

手机在使用过程中会发出电磁波信号并占用一定的频率，飞机的通信导航设备也有着属于自己专用的一个频率和波段。如果在这段频谱上有其他无线电信号，它们就会相互干扰，使机上工作人员接收信号时做出错误的判断，影响飞机的正常飞行，甚至导致航空事故的发生。

二、安全建议

(1) 选择班机时，最好选择大飞机且直航的航班，减少转机次数也就能降低碰到飞行意外的概率。

(2) 登机后，应仔细阅读前排椅背上放置的安全须知，认真观看乘务员的介绍和示范，熟练掌握系上和解开安全带的方法，学会使用氧气面罩。

(3) 在飞机起飞或降落未停稳时，应坐稳并系好安全带，严禁起身站立。

(4) 飞机在起飞、着陆的过程中应打开窗户的遮光板，收起桌板，调直座椅靠背。

(5) 在飞行期间，禁止使用以下设备：手机、AM/FM收音机、便携式电视机、遥控玩具等。

(6) 飞行期间，不要打闹、打架或做出其他威胁飞机安全行驶的行为。

(7) 在非紧急情况下，不要乱动安全门或其他逃生设备。

(8) 当飞机发生紧急情况时，应保持镇定，听从机上工作人员指挥。

飞机上有哪些救生设施？

应急出口：一般在机身的前、中、后段，有提醒的标志。

应急滑梯：每个应急出口和机舱门都备有应急滑梯。

救生艇：平时被折叠包装好存储在机舱顶部的天花板内。

救生衣：救生衣放在每个旅客的座椅下，飞机在水面迫降后穿上。

氧气面罩：每个座位上方都有一个氧气面罩存储箱，当舱内气压降低到海拔高度4000米气压值时，氧气面罩便会自动脱落，只要拉下戴好即可。

灭火设备：所有民航客机上都有各种灭火设备，例如干粉灭火器、水灭火器等。

三、应对措施

（1）乘机发生意外时，应保持冷静，听从乘务人员的指示；竖直椅背，收回小桌板，保证逃生通道畅通；打开遮阳板，这样可以保持良好的视线，确保乘客可以在紧急状况发生时观察机外的情形，以决定向哪一个方向逃生；如果自己或别人受伤，应尽快通知乘务人员，以便及时采取急救措施。

（2）当飞机需迫降时，应立即取下可能伤害身体的锐利物品，打开遮光板，收起小桌板，系好安全带，将双腿分开，低头，两手抓住双腿。飞机即将着陆时，应两手用力抓住双腿、屏气，使全身肌肉紧张，来对抗飞机着陆时的猛烈冲击。

（3）飞机停稳后，应立即解开安全带，找到机舱门或紧急逃生门，从充气逃生梯滑下。从滑梯撤离时，应双臂前平举，轻握双拳，或双手交叉抱臂，双腿及后脚跟紧贴梯面，收腹弯腰直到滑至梯底，迅速离开。

（4）如果飞机坠毁在陆地上，乘客应逃到距离飞机残骸200米以外的上风向区域。如果飞机迫降在水上，飞机的救生艇会自动充气，停放在机翼上。乘客应听从机组人员指挥，穿上救生衣，依次通过安全门，登上救生艇（注意：不要在机舱内为救生衣充气，这样会造成行动不方便）。

（5）如果机内已起火充满浓烟，应采取用湿手巾掩住口鼻、贴近地面爬行的姿势接近出口，以减少浓烟的吸入和更清楚地看到地面上的安全出口指示灯。

（6）飞机迫降后，应迅速离开飞机，因为飞机随时有起火、爆炸的危险。

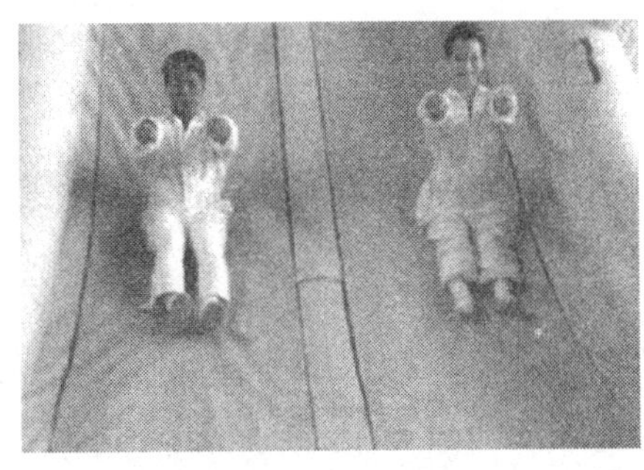

利用逃生滑梯撤离

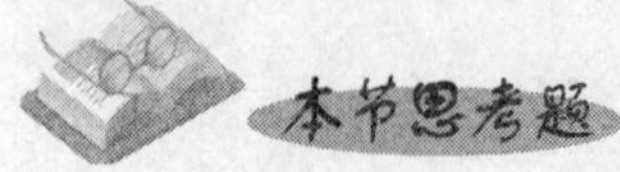

（1）乘坐飞机时的安全建议有哪些？

（2）从滑梯撤离时，动作要求是怎样的？

（3）飞机一旦紧急迫降，我们应该怎么办？

第七节　驾车安全

随着汽车行业的快速发展，以及人们生活水平的日益提高，驾车出行已经成为相当一部分人的选择，尤其是短途出行，自驾车成为越来越多家庭的首选。据国家统计局公布的数据显示，截至2014年，我国拥有机动车驾驶员29 892.32万人，民用汽车达到14 598.11万辆，2014年全国共发生机动车交通事故196 812起，机动车交通事故受伤人数达194 887人，交通事故频发，给人们的出行安全蒙上一层阴影，因此驾车出行时，一定要遵守交通法规，养成良好的驾驶习惯。

一、案例警示

2009年9月23日7时许，山东省驾驶员王某驾驶山东号牌的小客车沿津王路由南向北行驶，因超速行驶，打方向盘时发生侧滑，致车辆翻入左侧沟内，驾驶人王某及3名乘车人当场身亡。

据有关部门调查统计，机动车超速行驶是交通事故的一大诱因，车辆速度越快，发生交通事故的概率越高。俗话说“十次事故九次快”，讲的就是这个道理。开车时一定要注意道路上的限速标志，遇路口、转弯、掉头、铁道及能见度较低时，应减速慢行。案例当中的王某就是由于事故车辆车速过快，当打方向盘时，由于车辆的惯性造成侧滑，导致了严重的后果。

案例回放

2012 年 9 月 10 日晚 9 时左右，郑州市西四环马寨附近一条尚未完工的路上，一辆面包车撞倒一名年轻农民工，经抢救无效死亡。肇事司机称，当时车速不快，对面的大货车开着远光灯，“走近时，眼被‘闪瞎’了，啥也看不见。”等他看到路上有人时才紧急刹车，但为时已晚。

案例解析

正面会车时，开远光灯会导致瞬间致盲、对速度和距离的感知力下降、对宽度的判断力下降，而后方车辆开启远光灯，前车内外 3 个后视镜中都会出现大面积光晕。案例当中，事发地点并没有路灯或人行横道，大车司机为了照明开启了远光灯，正是由于远光灯照射，使对面司机瞬间致盲，才导致了严重的车祸。因此，在会车时，一定要提早将远光灯调节为近光灯，以免影响对面车辆。

正面会车时远光灯照射效果

二、安全建议

（1）经常检查车辆，尤其在远途出行前要检查轮胎、制动装置、雨刷器等。

（2）行车之前确认四周无人，尤其是车辆盲区附近。

（3）上车后系好安全带，并提醒乘车人员系好安全带，安全带位置不要过高或过低。

（4）驾车过程中一定要遵守交通规则，按信号灯指示通行，并注意礼让行人。

（5）避免“三超一疲劳”，不超速、不超员、不超载、不疲劳驾驶。

（6）文明驾驶，不要不打灯强行并线，不开斗气车、不占应急车道。

（7）恶劣天气尽量不要驾车出行，若已经在路上应注意放慢车速。

（8）记住驾车三原则：集中注意力、仔细观察和提前预防。

（9）行车遇到路口情况复杂时，要做到“宁停三分，不抢一秒”。

（10）保持安全跟车距离，尤其不要紧跟在大型车辆之后。距前车越近，越看不到前方的路况，有突发状况发生时难以闪躲。

（11）不要只把视线盯着前车的车尾。随时观察更前面的道路状况，遇到危险时才能有时间采取更好的闪避措施。

（12）会车时，如果对方开了远光灯，可以用远近光灯转换来提醒对方车辆关闭远光灯。

（13）雾霾天气开车不要使用远光灯，应及时打开雾灯。

（14）车上常备破窗工具，以备不时之需。

安全行车十五想

出车之前想一想，检查车况要周详。
马达一响想一想，集中精力别乱想。
起步之前想一想，观察清楚再前往。
自行车前想一想，中速行驶莫着忙。
要过道口想一想，莫闯红灯勤瞭望。
遇到障碍想一想，提前处理别惊慌。
转弯之前想一想，需防左右有车辆。
会车之前想一想，先慢后停多礼让。
超车之前想一想，没有把握别勉强。
倒车之前想一想，注意行人和路障。
夜间行车想一想，仪表车灯亮不亮。
通过城镇想一想，车辆减速切莫忘。
雨雾天气想一想，防滑要把车速降。
长途行车想一想，劳逸结合放心上。
停车之前想一想，选择地点要适当。

三、应对措施

（1）驾驶人因事故或车辆故障在高速公路上行走或修车时，极易发生被撞的事故。因此，当车辆在高速公路上发生事故或出现故障时，应立即开启危险报警闪光灯，设法把车

辆停在路边、紧急停车带等安全地段，并设置停车警告标志、打求救电话、报警；驾乘人员不要在车内或车辆附近逗留，迅速退到护栏以外等安全地带等待救援，尤其在雾天发生交通事故时，应立即停车，驾乘人员应尽快从右侧车门离开车辆，避免发生二次事故。

（2）车辆在高速公路上行驶中突然爆胎，尤其是前轮突爆，极有可能引发车辆失控而导致倾翻。轮胎突爆时，车身迅速歪斜，方向盘向爆胎侧急转，此时驾驶员要保持镇静，切不可紧急制动，应全力控制住方向盘，松抬加速踏板，尽量保持车身正直向前，并迅速抢挂低速挡，利用发动机制动使车辆减速。在发动机制动作用尚未控制住车速时，不要冒险制动停车，以免车辆横甩，发生更大的危险。

（3）发生交通事故后，首先应将车辆熄火，打开双闪提示灯，拉紧手刹，在确保安全的情况下在车后适当距离设立安全警告标志，对事故现场拍照取证。如事故较轻，可以自行快速处理；如事故较重，先远离车辆，再报警处理。其间拨打保险公司电话报险。如在事故中无法打开车窗和车门，情况危急时需用工具破窗逃生，尤其在车辆落水时，一定要抓住逃生时机尽快脱离危险。

（1）驾车出发前，第一步应该做什么？

（2）驾车时若遇到对方开着远光灯行驶，应该怎么办？

（3）开车过程中出现交通事故，应该怎么办？

第八节　旅游安全

信息与交通的便利使得人们出行的机会大大增加，人们物质生活的日益改善使得旅游成为居民休闲的重要方式之一，越来越多的家庭选择在节假日出游。据统计，2015 年旅游业占全球 GDP 10%，占就业总量 9.5%。中国国内旅游突破 40 亿人次，旅游收入超过 4 万亿元人民币，出境旅游 1.2 亿人次。中国国内旅游、出境旅游人次和国内旅游消费、境外旅游消费均居世界第一。世界旅游业理事会（WTTC）测算：中国旅游产业对 GDP 综合贡献 10.1%，超过教育、银行、汽车产业。国家旅游数据中心测算：中国旅游就业人数占总就业人数 10.2%。游人数量的暴涨，增加了旅游中意外伤害事故的发生频率，因旅游设施、旅游交通、自然灾害等原因造成的游客生命和财产损失事件屡见不鲜。因此，外出旅行中，需要掌握一定的旅途安全知识，以有效地降低旅途的风险，更好地享受旅程。

一、案例警示

2015年7月18日，西安市临潼区一名19岁的女大学生，与家人到蒲城县龙首黑峡 谷景区游玩时，从双龙洞栈道天梯一处阶梯摔下3米高的石崖，致身体多处损伤，右侧鼻骨骨折，右眼球破裂，视力为零。

外出旅游时一定要注意人身安全，对险峻的旅游景点要量力而行，不可贸然前往。蒲城县文物旅游局文物稽查大队贺大队长表示，这是一家民营景区，虽然景区在石崖处安置了保险设施，但还是没能阻止事故的发生。因此，在旅游景区的危险地段，更要提高警惕，不要因为一时的疏忽大意造成不可挽回的损失。

2015年4月28日，16名云南游客参加长沙欧亚国际旅行社的张家界三日游，旅游合同中并无自费项目的约定。此后，长沙欧亚国际旅行社将游客转拼给张家界湘西中旅。当天，杨佳欣受湘西中旅委派担任共50人散客团的导游服务工作。在从长沙去往张家界的途中，杨佳欣向游客推销自费项目，邱某某等16人表示不愿意参加。团队在到达张家界用午餐时，杨佳欣只为参加了自费项目的其他游客安排中餐，导致邱某某等16人的不满而发生冲突，杨佳欣随即到餐馆厨房拿了一把菜刀与游客对峙。

案例解析

虽然国家制定了严明的法律，游客与旅行社也签订了明确的合同，但导游威胁游客的情况仍时有发生，因此要加强旅游安全防范意识和维权意识。上述案例

中，国家旅游部门依法对事件涉案的旅行社和导游做出处理，没收违法所得，停业整顿3个月，处50 000元罚款；对旅行社法人代表覃某没收违法所得，处20 000元罚款。导游杨佳欣胁迫游客的行为违反了《导游人员管理条例》，拟吊销其导游证。

二、安全建议

（1）提前安排行程，定好行程后，要从官方渠道购票，不买“黄牛票”。

（2）准备好必备的证件，如护照、身份证、学生证等，旅行之前，一定要仔细检查自己的证件，以免因为疏忽大意造成不必要的麻烦。

（3）带好旅行常备药品，如感冒药、晕车药、创可贴、防中暑药、防肠道感染药、防蚊虫叮咬药、抗过敏药、速效扩血管药等。

（4）外出旅游时，事先安排好车辆或乘坐正规交通工具，即使在危急的情况下，也尽量不要乘坐黑车。

（5）尽量少带现金，贵重物品随身携带，切记不要将贵重物品交给他人保管。

（6）不轻易将自己的信息告知他人。在外旅行，很容易遇到陌生人，和陌生人交谈时，尽量不要泄露自己的个人信息。

（7）选择正规的宾馆住宿。安排好住宿后记得查看逃生路线图，最好沿着安全通道实际走一回，一旦遇到危险，可以第一时间逃生。

（8）在夏季高温时节出游，游客要注意饮食安全，讲究饮食卫生，防止“病从口入”及不科学的饮食习惯造成的身体不适或疾病。

（9）夏季出游，在高温高湿天气易发生中暑，心脑血管病人及老幼体弱者更应注意采取必要的预防措施。

（10）遇到雷雨、台风、热带风暴、泥石流、洪水、海啸等恶劣天气和自然灾害时，应远离危险地段或危险地区，切勿进入景区规定的禁区内。

（11）到海滨地区游泳时，要在景区限定的区域内游泳，最好结伴而行，有较强的自我保护意识，携带必要的保护救生用品，不私自下水，以防溺水事故发生。

（12）到山区或地形复杂的地方旅游，要防滑、防跌、防迷失，要牢记景区规定的行走路线，不要去无防护设施的危险地段，最好结伴游览，防止走错路、迷路。

旅游投诉热线

游客可拨打12301热线进行旅游投诉，并可通过该服务平台查询投诉处理情况。12301 投诉热线还开通了微信投诉方式，游客可以通过微信界面查询并添加 12301 微信公众号，或者通过微信城市服务进行投诉。

三、应对措施

（1）外出旅行过程中，一旦乘坐了黑车也不要慌张，可打电话给朋友或家长，告诉他们你坐了什么车，大概什么时间到什么地方，让朋友来接你，好让黑车司机不敢有非分之想，并想办法在人多的地方提早下车。

（2）旅游过程中，一旦遭遇贵重物品被盗或被骗的情况，要第一时间报警。重要证件如身份证和银行卡要分开放，以免造成不必要的经济损失。

（3）在遇到旅游纠纷事件时，首先要确保人身安全，然后通过报警、投诉等方式维护个人利益。

（1）旅途中向陌生人随意炫富会有什么危险？

（2）你知道应该从哪里购买车票吗？

（3）一旦乘坐了黑车，应该怎么办？

第六章　自然灾害篇

自然灾害是自然界中发生的异常现象，其中地震、暴雨、雷电、大风、洪水、泥石流等突发性灾害给人类生命财产造成重大损失。2014 年各类自然灾害共造成全国 24 353.7 万人次受灾，1583 人死亡。在遭遇自然灾害的时候，除及时告知政府部门救援外，学习防灾、自救和互救知识，在遇险时及时应变，可以减少事故发生，保障自己和他人的人身安全，减轻灾害程度。

第一节　地震

1. 了解有关地震的基本知识。
2. 掌握地震防护知识和自救措施。
3. 感悟生命的可贵。

“5 · 12”汶川地震

2008 年 5 月 12 日 14 时 28 分 04 秒，四川省阿坝藏族羌族自治州汶川县发生里氏 8.0 级地震，地震造成 87 149 人遇难，374 643 人受伤，17 923 人失踪。这次地震是中华人民共和国成立以来破坏力最大的地震，也是唐山大地震后伤亡最惨重的一次。

根据中国地震局的数据，此次地震的面波震级达 8.0Ms、矩震级达 8.3Mw，破坏地区超过 10 万平方千米，地震烈度可能达到 11 度。地震波及大半个中国及亚洲多个国家和地区，北至辽宁，东至上海，南至香港、澳门、泰国、越南，西至巴基斯坦均有震感。

一、什么是地震

地震又称地动，是地壳快速释放能量过程中造成振动，期间会产生地震波的一种自然现象。地球上板块与板块之间相互挤压碰撞，造成板块边沿及板块内部产生错动和破裂，是引起地面震动的主要原因。

二、震源、震中和地震波

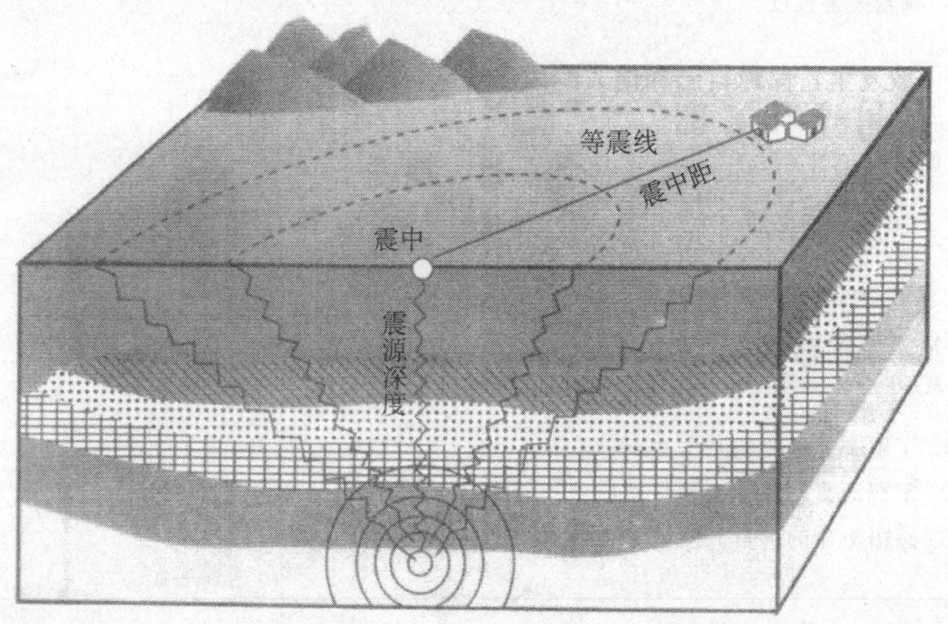

地震构造示意

震源：是地球内发生地震的地方。

震源深度：震源垂直向上到地表的距离是震源深度。我们把地震发生在 60 千米以内的称为浅源地震；60～300 千米为中源地震；300 千米以上为深源地震。目前有记录的最深震源达 720 千米。

震中：震源上方正对着的地面称为震中。震中及其附近的地方称为震中区，也称极震区。震中到地面上任一点的距离叫震中距离（简称震中距）。震中距在 100 千米以内的称为地方震；在 1 000 千米以内称为近震；大于 1 000 千米称为远震。

地震波：地震时，在地球内部出现的弹性波叫作地震波。这就像把石子投入水中，水

波会向四周一圈一圈地扩散一样。

三、什么是震级

震级是地震释放能量的大小。震级小于 3 级的地震为弱震；震级大于或等于 3 级，小于或等于 5 级的地震为有感地震；震级大于 5 级小于 6 级的地震为中强震；等于或大于 6 级的地震为强震，其中震级大于或等于 8 级的地震为巨大地震。

一、在学校如何避震

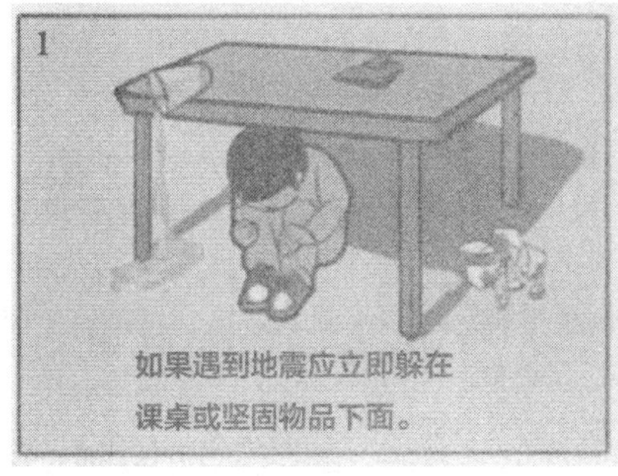

（1）在教室上课遭遇地震时，不要乱跑或者跳楼，应迅速躲进跨度小的空间，保护头部。地震后，有组织地撤离教室，到附近的开阔地带避震。

（2）在操场或室外的学生，应避开危险物和高大建筑物。不要乱挤乱拥，原地蹲下，双手保护头部。

二、在家里如何避震

（1）地震时如何在家里，应立即关闭煤气和电闸，防止触电和发生火情。与地震相比，地震所引起的火灾往往更可怕。

撤离要迅速

躲在结实的物体下

（2）如果住的是平房，且离门很近，应迅速跑到门外空旷地方。

（3）尽量躲在体积小的房间，如卫生间、厨房等，最好能找一个可形成三角空间的地方。

（4）可以就近伏在坚固家具下面或旁边，待震后迅速撤离。

三、工厂实习避震

如距离车间门较近，应迅速撤至车间外空旷地避震。如距车间门较远，应迅速关闭机器的电源开关，同时躲在墙角下、坚固的机器或桌椅旁。

什么是地震活命三角区

1. 地震是地球（　　）物质运动的结果。

A. 外部　　　　B. 地壳　　　　C. 地幔　　　　D. 内部

2. 世界上三大地震带是（　　）。

A. 环太平洋地震带、印度洋地震带和海岭地震带

B. 环太平洋地震带、亚欧地震带和海岭地震带

C. 亚欧地震带、北极洋地震带和环太平洋地震带

D. 印度洋地震带、北冰洋地震带和环太平洋地震带

3. 当地震发生时你在家里（楼房），应如何避震？（　　）。

A. 躲在桌子等坚固家具的下面，房屋倒塌后能形成三角空间的地方

B. 去楼道

C. 原地不动

D. 跳楼

4. 当地震发生时你在学校上课，应如何避震？(　　)。

A. 向教室外跑　　B. 听老师指挥　　C. 蹲在地上　　D. 涌向楼梯间

5. 地震发生后，从高楼撤离时应走（　　）。

A. 安全通道　　B. 跳楼　　C. 乘坐电梯　　D. 从窗户抓绳下滑

6. 人们在避震“自救瞬间”首先选择的是（　　）。

A. 先保护头　　B. 先保护胸部　　C. 先保护双手　　D. 先保护双脚

7. 震后救人时对处于黑暗窒息、饥渴状态下埋压过久的人，正确的护理方法是（　　）。

A. 尽快救出来，尽快见光亮

B. 尽快救出来，尽快进食

C. 蒙上眼睛救出来，慢慢呼吸、进食

D. 尽快救出来，尽快输氧

8. 震后被埋压时求生的对策是（　　）。

A. 不停地呼救

B. 不顾一切地行动

C. 精神崩溃，惊慌失措

D. 保存体力，寻找脱险捷径

9. 创伤现场正确的急救技术是（　　）。

A. 止血、包扎、固定、搬运

B. 止血、包扎、固定、等待医护人员

C. 止血、包扎、等待医护人员

D. 止血、固定、等待医护人员

10. 地震造成的人员伤亡的最主要原因是（　　）。

A. 各类建筑物的破坏和倒塌

B. 大地震动

C. 地面开裂

D. 火灾

第二节　暴雨

1. 加深对暴雨的了解。
2. 增强自护、自救、互救的能力，提高安全意识.

北京暴雨

2012 年 7 月 21 日，一场全市范围内的降雨突袭北京，截至 22 日 6 时，全市平均降雨量 170 毫米，城区平均降雨量为 215 毫米，这也是北京自 1951 年有气象观测记录以来观测到的最大值。这次降雨从 21 日 10 时左右开始，降雨致主城区多地积水严重，多条交通受阻，多部门已启动应急响应，北京多区县已紧急转移 14 152 人。截至 22 日 17 时，北京暴雨在本市境内共发现因灾死亡 37 人。其中，溺水死亡 25 人，房屋倒塌致死 6 人，雷击致死 1 人，触电死亡 5 人。

一、什么是暴雨

中国气象上规定，每小时降雨量 16 毫米以上、或连续 12 小时降雨量 30 毫米以上、24 小时降水量为 50 毫米或以上的雨称为“暴雨”。

二、暴雨预警信号

暴雨预警信号分四级，分别以蓝色、黄色、橙色、红色表示。暴雨蓝色预警：12 小时内降雨量将达 50 毫米以上，或者已达 50 毫米以上且降雨可能持续。暴雨黄色预警：6 小时内降雨量将达 50 毫米以上，或者已达 50 毫米以上且降雨可能持续。暴雨橙色预警：3 小时内降雨量将达 50 毫米以上，或者已达 50 毫米以上且降雨可能持续。暴雨红色预警：3 小时内降雨量将达 100 毫米以上，或者已达 100 毫米以上且降雨可能持续。

三、暴雨的危害

（1）城市内涝。城市内涝会造成严重的经济损失，包括房屋地基因积水而造成的损坏、财产因进水而造成的损失、交通瘫痪对物流行业造成的影响、施工场地停工而造成的损失等。城市内涝会对城市卫生造成很大的影响，会导致河流溢流污染，还会因长时间浸

泡垃圾等产生恶臭，对周边水体产生非常大的影响。城市内涝在短时间内给城市带来较大的排水压力，当大量径流沿河道输送至下游时，会严重影响下游城市的行洪，给下游城市带来严重的排水压力。城市内涝对周边生态系统的破坏也是极其严重的，城市本身处在一个生态环境极为脆弱的体系之中，长期的淹水条件会对动植物生长造成很严重的影响。

（2）洪涝灾害。由暴雨引起的洪涝会淹没作物，使作物新陈代谢难以正常进行而发生各种伤害，淹水越深，淹没时间越长，危害越严重。特大暴雨引起的山洪暴发、河流泛滥，不仅危害农作物、果树、林业和渔业，而且还冲毁农舍和工农业设施，甚至造成人畜伤亡，经济损失严重。

如何预防暴雨带来的危害？

（1）预防居民住房发生小内涝，可因地制宜，在家门口放置挡水板或堆砌土坎。

(2) 室外积水漫入室内时，应立即切断电源，防止积水带电伤人。

(3) 在户外积水中行走时，要注意观察，贴近建筑物行走，防止跌入井、地坑等。(4) 驾驶员遇到路面或立交桥下积水过深时，应尽量绕行，避免强行通过。如果车辆被困水中，要立即解开安全带，同时打开车门电子中控锁，以防车门电路失灵。如果是刚刚积水的话，一定要及时打开车窗，全力打开车门逃生。但如果错过这个时间点，也不要惊慌失措，要选择破窗逃生。破窗的方式也有技巧，在车身玻璃中，挡风玻璃最厚，人在车里面很难砸破，车门窗和天窗最薄，选择边角部位，相对容易砸碎。

（5）家住平房的居民应在雨季来临之前检查房屋，维修房顶。日常生活中不要将垃圾、杂物丢入马路下水道，以防堵塞，积水成灾。

（6）暴雨期间尽量不要外出，必须外出时应尽可能绕过积水严重的地段。在山区旅游时，注意防范山洪。上游来水突然混浊、水位上涨较快时，须特别注意。

以小组为单位讨论在户外遇到暴雨如何应对，讨论完毕后每组出一名代表发言。

第三节　雷电

1. 了解雷电的相关知识。
2. 掌握室内室外雷电的预防。
3. 提高安全、自救意识。

资料链接

2007年7月23日重庆市开县义和镇兴业村小学遭受雷击，造成7名小学生死亡、44名小学生受伤，其中5人重伤。事故原因正在进一步调查。23日16时34分，兴业村小学突遭雷击，造成7名小学生死亡，其中5人为六年级学生，2人为四年级学生，年龄最小的10岁，年龄最大的14岁。受伤的44名小学生都是四年级和六年级学生，年龄在9岁和14岁之间。

一、什么是雷电？

雷电是伴有闪电和雷鸣的一种放电现象。雷电一般产生于对流发展旺盛的积雨云中，因此常伴有强烈的阵风和暴雨，有时还伴有冰雹和龙卷风。

二、形成雷电的原因有哪些？

由于云层相互摩擦、碰撞而使不同的云层带不同的电。当电压达到可以穿过空气的程度以后，临近的两片云层会发生放电现象，产生电花和巨大的响声。肉眼看到的一次闪电，其过程是很复杂的。当雷雨云移到某处时，云的中下部是强大的负电荷中心，云底相对的下垫面变成正电荷中心，在云底与地面间形成强大电场。

一、预防雷电的措施有哪些？

（1）室内防治雷电灾害的措施：

1）发生雷雨时，一定要及时关好门窗，防止直击雷击和球形雷的入侵。同时还要尽量远离门窗、阳台和外墙壁，否则，一旦雷击房屋，你可能会接触电压和旁侧闪击的伤害，成为雷电电流的泄放通道。

2）在室内不要靠近、更不要触摸任何金属管线，包括水管、暖气管、煤气管等。特别提醒在雷雨天气不要洗澡，尤其是不要使用太阳能热水器洗澡。

3）在房间里不要使用任何家用电器，包括电视、电脑、电话、电冰箱、洗衣机、微波炉等。

4）要保持室内地面的干燥以及各种电器和金属管线的良好接地：如果室内的地板或电器线路潮湿，就有可能会发生雷电电流漏电伤及人员。室内的金属管线如果接地不好，接地电阻很大，雷电电流不能很通畅地泄放到大地，就会击穿空气的间隙，向人体放电，造成人员伤亡。

（2）室外防治雷电灾害的措施：

1）由于云与大地之间发生的雷电，是有选择性的。一般高大的物体以及物体的尖端是容易被雷击的。所以在室外请不要靠近铁塔、烟囱、电线杆等高大物体，更不要躲在大树下或者到孤立的棚子和小屋里避雨。

2）如果在室外无处躲藏，你可以躲在与避雷装置顶成45°夹角的圆锥范围内，这是一个避雷针安全保护的区域，但不要靠近这些建筑物或构筑物。

3）在郊外旷野里，要找一块地势低的地方，站在干燥的、最好是有绝缘功能的物体上，蹲下且两脚并拢，使两腿之间不会产生电位差。

4）为了防止接触电压的影响，在室外千万不要接触任何金属的东西，像电线、钢管、

铁轨等导电的物体。

5）当你在野外高山活动时，最好是躲在山洞的里面，并且尽量躲到山洞深处，你的两脚也要并拢，身体也不可接触洞壁。

6）在雷雨天气时，千万不要到江、河、湖、塘等水面附近去活动，要尽快上岸躲避，并且要远离水面。

7）如果能有汽车，将车的门窗关闭好躲在车里，也是很安全的。因为金属的汽车外壳是一个非常好的屏蔽。

二、被雷击伤后该如何急救？

(1) 受雷击而烧伤或严重休克的人，身体不带电，抢救时可以立即扑灭他身上的火，实施紧急抢救。

(2) 若伤者失去知觉，但有呼吸和心跳，则有可能自行恢复。应该将他舒展平卧，安静休息后送医院治疗。

(3) 若伤者已经停止呼吸和心跳，应迅速果断地交替进行口对口人工呼吸和心脏按压，并及时送往医院抢救。

小组讨论：你认为应该怎样防雷？

第四节　大风

1. 了解大风给人们的生产、生活造成的影响及其危害，提高在遭遇大风时进行自我保护的意识。

2. 掌握躲避大风灾害的一些简单方法，学会合理、及时地应对大风灾害的一些技巧和策略，提高自我保护的能力。

2008 年某日早晨，威海市刮起了大风。大风将悬挂于某体育场一层外墙上的

广告牌吹起，不偏不倚，正好砸中了途经此处上班的徐某，导致受害人徐某原发性脑干损伤、右额颞部脑挫裂伤、蛛网膜下腔出血、颅骨骨折。受害人住院后一直处于昏迷状态，并于不久因呼吸循环衰竭去世。

一、什么是大风？

大风是快速流动的空气，促使空气流动的原因有很多种，按照大风生成的天气形势可将大风分为冷空气带来的大风、雷雨大风、台风和龙卷风等。我国气象观测业务中规定瞬时风速达到或超过8级（17m/s）时称为大风；而在天气业务规范中则规定平均风速大于等于6级（10.8m/s）时为大风。

二、大风有哪些危害？

大风灾害四季均有，频率高、范围广、灾情重，冬春季主要以寒潮大风为主，还伴有剧烈的降温。大风对建筑、电力设施、交通运输及人民生活都会造成很大的影响。主要危害如下：

（1）建筑物受损或倒塌。

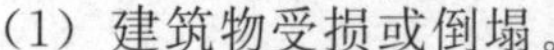

（2）对供电系统造成影响。

（3）对交通造成影响。

(4) 对大气环境造成影响：

如何应对大风天气？

(1) 大风天气眯眼睛别揉：大风天气若是眯了眼睛，千万别用手揉。因为手摸了许多东西，沾有许多细菌，这时如果用脏手揉眼睛，可损伤眼角膜，严重时导致失明。可以用眼药水或眨眨眼睛，如果不起作用，应立即去医院，不能拖延时间。

(2) 远离水边、树下、广告牌、电杆下、玻璃门窗等地。大风天气时，水边、树下、广告牌、电杆下、玻璃门窗旁都很危险。大风会刮起大浪，刮倒大树、广告牌、电线杆等，还会刮碎玻璃，所以要尽量待在屋子里的中心位置。

(3) 当风力抵达 11 级或 11 级以上时，这种情况最好别外出了，大风会刮倒大树，甚至房屋。

(4) 大风后，要做好救护工作。

小组讨论：小明和几个同学一起到河边野炊，他们有的煮饭，有的炒菜，很是热闹。突然间，刮起了大风，小明跑到河堤上看见不远处有一团龙卷风正向他们这边移动。小明他们该怎么应对呢？

第五节　洪水

1. 了解洪水的特点等相关知识。
2. 了解洪水的相关危害，提高防洪意识。
3. 掌握洪水暴发时的紧急自救措施。

1998 年夏季，中国南方普降罕见暴雨。持续不断的大雨以逼人的气势铺天盖地地压向长江，使长江无须臾喘息之机地经历了自 1954 年以来最大的洪水。洪水一泻千里，几乎全流域泛滥。加上东北的松花江、嫩江泛滥，全国包括受灾最重的江西、湖南、湖北、黑龙江四省，共有 29 个省、市、自治区都遭受了这场无妄之灾，受灾人数上亿，近 500 万所房屋倒塌，2 000 多万公顷土地被淹，经济损失达 1 600 多亿元人民币。

一、什么是洪水

洪水是指河流、海洋、湖泊等水体上涨超过一定水位，威胁有关地区的安全，甚至造成灾害的水流，又称大水。

二、洪水形成的原因。

洪水是由暴雨、急剧融冰化雪、风暴潮等自然因素引起的江河湖泊水量迅速增加，或者水位迅猛上涨的一种自然现象，是自然灾害的一种。

洪水来了，如何自救？

（1）洪水到来时，来不及转移的人员，要就近迅速向山坡、高地、楼房、避洪台等地转移，或者立即爬上屋顶、楼房高层、大树、高墙等高的地方暂避。

（2）如洪水继续上涨，暂避的地方已难自保，则要充分利用准备好的救生器材逃生，或者迅速找一些门板、桌椅、木床、大块的泡沫塑料等能漂浮的材料扎成筏逃生。

（3）如果已被洪水包围，要设法尽快与当地政府防汛部门取得联系，报告自己的方位和险情，积极寻求救援。千万不要游泳逃生，不可攀爬带电的电线杆、铁塔，也不要爬到泥坯房的屋顶。

（4）如已被卷入洪水中，一定要尽可能抓住固定的或能漂浮的东西，寻找机会逃生。

（5）发现高压线铁塔倾斜或者电线断头下垂时，一定要迅速远避，防止直接触电或因

地面“跨步电压”触电。

（6）洪水过后，要做好各项卫生防疫工作，预防疫病的流行：

放暑假了，你遭遇了洪水，应该怎么办？

第六节　其他灾害

1. 了解高温、雾霾、泥石流的危害。
2. 掌握高温、雾霾、泥石流的自救措施，提高安全意识。

（一）高温

15 岁的高一男孩彭某某，参加了学校的全封闭军训。军训第六天，该生的母亲突然接到学校的电话，称孩子发烧了，让她到学校去接孩子，该生的母亲赶紧赶到学校。下午六点半左右，她到了学校接孩子出来。“当时孩子出来的时候，走路摇摇晃晃，神志有些恍惚，说发烧两天了很难受。量了量体温，有 40℃”，孩子的父亲彭海青说。

儿子病情严重，家长赶紧到马路边打车想把孩子送到医院，但当时天气炎热，路上车辆极少，一直没有出租车，她只好扶着孩子拖着行李，坐公交到了最近的医院，此时已是晚上七点半。该生刚到医院就昏迷了，医生确诊为热射病，建议转院治疗。120 随后将孩子送到某医院急诊室抢救，“当时孩子右鼻孔出血，被送到了重症监护室。”在重症监护室抢救一个多小时，孩子最终因抢救无效，于当晚 1 点 25 分死亡。

一、什么是高温热浪？

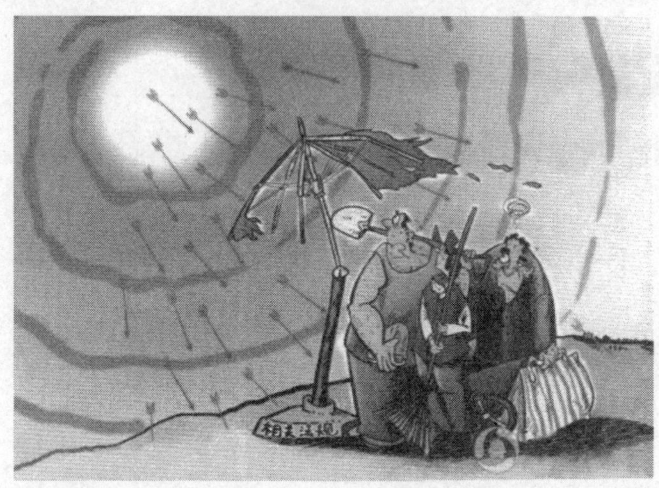

高温热浪又叫高温酷暑，是一个气象学术语，通常指持续多天的35℃以上的高温天气。高温热浪的标准主要依据高温对人体产生影响或危害的程度而制定。

二、我国高温热浪的标准是什么？

我国一般把日最高气温达到或超过35℃时称为高温，连续数天（3天以上）的高温天气过程称为高温热浪（或称为高温酷暑）。由于近年来高温热浪天气的频繁出现，高温带来的灾害日益严重。为此，我国气象部门针对高温天气的防御，特别制定了高温预警信号。

我们应该如何应对高温天气？

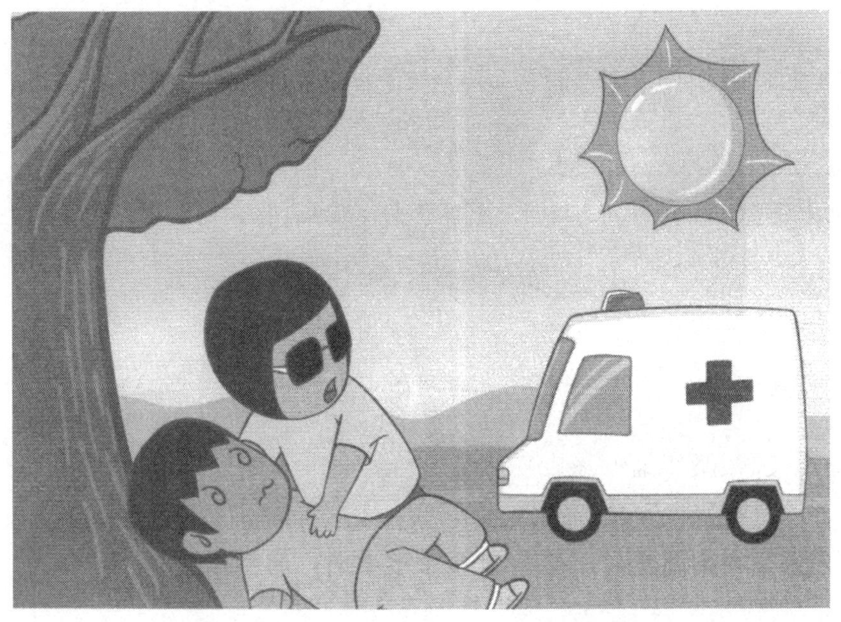

（1）要注意在户外工作时，采取有效防护措施，切忌在太阳下长时间裸晒皮肤，最好带冰凉的饮料。

（2）要注意不要在阳光下疾走，也不要到人聚集的地方。从外面回到室内后，切勿立即开空调吹。

（3）要尽量避开在上午10时至下午4时出行，应在口渴之前就补充水分。

（4）要注意高温天饮食卫生，防止胃肠感冒。

（5）要注意保持充足睡眠，有规律地生活和工作，增强免疫力。

（6）要注意对特殊人群的关照，特别是老人和小孩，高温天容易诱发老年人心脑血管疾病和小儿不良症状。

（7）要注意预防日光照晒后，日光性皮炎的发病。如果皮肤出现红肿等症状，应用凉水冲洗，严重者应到医院治疗。

（8）要注意出现头晕、恶心、口干、迷糊、胸闷气短等症状时，应怀疑是中暑早期症状。应立即休息，喝一些凉水降温，病情严重应立即到医院治疗。

（二）雾霾

2008 年 11 月 30 日早晨江淮、江南和西南地区东部出现很多轻雾和霾天气，其中四川东部、重庆南部、湖北西部、贵州、云南南部有能见度小于 1000 米的大雾，重庆能见度只有 100 米，四川巴中 800 米、达州 100 米、南充 100 米、遂宁 200 米、湖北恩施也就是鄂西 100 米，连续两天出现能见度只有 100 米的大雾天气，对人们的出行造成了严重的影响。

什么是雾霾?

雾霾，顾名思义是雾和霾。但是雾和霾的区别很大。

雾是由大量悬浮在近地面空气中的微小水滴或冰晶组成的气溶胶系统，多出现于秋冬季节，是近地面层空气中水汽凝结（或凝华）的产物：雾的存在会降低空气透明度，使能见度恶化，如果目标物的水平能见度降低到 1000 米以内，就将悬浮在近地面空气中的水汽凝结物的天气现象称为雾。

霾，也称灰霾（烟雾)。空气中的灰尘、硫酸、硝酸、有机碳氢化合物等粒子也能使大气混浊，人们通常将目标物的水平能见度在 100～10000 米的这种现象称为轻霭。

雾霾天气是一种大气污染状态，雾霾是对大气中各种悬浮颗粒物含量超标的笼统表述，尤其是 PM2.5（空气动力学当量直径小于等于 2.5 微米的颗粒物）被认为是造成雾霾天气的“元凶”。随着空气质量的恶化，阴霾天气现象出现增多，危害加重。中国不少地区把阴霾天气现象并入雾一起作为灾害性天气预警预报，统称为“雾霾天气”。

应对方案

雾霾天气应如何自我防护？

首先，尽量减少暴露在室外的时间，降低室外活动强度。特别是患有心脑血管等慢性病的人，更应在雾霾天减少室外活动。因为此时容易因缺氧而诱发心肌梗死、心绞痛等病。

其次，注意改善室内空气质量。雾霾天气室外空气质量差，室内空气质量也不能完全幸免。专家建议，雾霾天气应保持门窗紧闭，以降低空气污染物从室外到室内的渗透速率，降低室内 PM2.5 浓度。可选择具有品牌信誉度的室内空气净化器，还可以在室内种植绿色植物，以降低室内的飘尘和 PM2.5 浓度。

再次，在不得不外出的情况下，注意加强自我保护，选择合适的防尘口罩。虽然民用防霾口罩没有国家标准，市场上口罩质量鱼龙混杂。但医学专家建议，市民挑选口罩时，尽量选择材质密实的，以最大限度阻隔颗粒物。同时，要注意口罩是否有吸附层，吸附层可以将穿透口罩的颗粒物吸附。

最后，注意调整饮食结构。专家建议，雾霾天人们应多饮水，适当调节饮食，饮食以清淡为佳。缺乏维生素 A 会使呼吸道上皮和免疫球蛋白的功能受损，容易引起呼吸道感染，因此可多吃富含维生素 A、β—胡萝卜素的食物。另外可以食用莲子、百合、排骨汤、银耳羹、鸭肉粥等食物，具有养肺功能。由于存在个体差异，因此根据自身情况选择润肺饮食效果更好。

（三）泥石流

据统计，我国每年有近百座县城受到泥石流的直接威胁和危害；有 20 条铁路干线的走向经过 1400 余条泥石流分布范围内，1949 年以来，先后发生中断铁路运行的泥石流灾害 300 余起，有 33 个车站被淤埋。在我国的公路网中，以川藏、川滇、川陕、川甘等线路的泥石流灾害最严重，仅川藏公路沿线就有泥石流沟 1000 余条，先后发生泥石流灾害 400 余起，每年因泥石流灾害阻碍车辆行驶时间长达 1～6 个月。泥石流还对一些河流航道造成严重危害，如金沙江中下游、雅砻江中下游和嘉陵江中下游等，泥石流活动及其堆积物是这些河段通航的最大障碍。泥石流还对修建于河道上的水电工程造成很大危害，如云南省近几年受泥石流冲毁的中、小型水电站达 360 余座、水库 50 余座；上千座水库因泥石流活动而严重淤积，造成巨大的经济损失。

什么是泥石流？

泥石流是指在山区或者其他沟谷深壑，地形险峻的地区，因为暴雨暴雪或其他自然灾害引发的携带有大量泥沙以及石块的特殊洪流：泥石流具有突然性以及流速快、流量大、物质容量大和破坏力强等特点：发生泥石流常常会冲毁公路铁路等交通设施甚至村镇等，造成巨大损失。

遇到泥石流时如何脱险？

（1）沿山谷徒步时，一旦遭遇大雨，要迅速转移到附近安全的高地，离山谷越远越好，不要在谷底过多停留。

（2）观察周围环境，特别留意是否听到远处山谷传来打雷般声响，如听到要高度警惕，这很可能是泥石流将至的征兆。

（3）选择平整的高地作为营地，尽可能避开有滚石和大量堆积物的山坡下面，不要在山谷和河沟底部扎营。

（4）出现泥石流后，要马上与泥石流成垂直方向向两边的山坡上面爬，爬得越高越好，跑得越快越好，绝对不能往泥石流的下游走。

小组讨论：除了本章所学之外，自然灾害还有哪些？如何自救？

第七章　消防安全

火灾是家庭、学校和社会的重要安全隐患之一。据有关资料分析，在火灾事故中，中小学火灾占一定的比例，给学校和广大师生的身体健康和财产造成很大的损害。因此，加强对学生的消防安全教育，加强对学生的消防安全知识的培训，使学生掌握一些基本的消防安全知识，以提高学生的防火意识，增强学生的自救、自护能力，确保学生安全，是大家义不容辞的责任。

第一节　火灾的成因及危害

已经发生的火灾带给人们惨痛的教训，只有充分认识到火灾的危害性，了解火灾发生的原因，才能使广大学生从思想上高度重视起来，从而认真学习和对待。

一、火灾的种类 根据着火物质及其燃烧特性，火灾分为以下五类：

（1）A类火灾：指含碳固体可燃物，如木材、棉、毛、麻、纸张等燃烧的火灾。

（2）B类火灾：指甲、乙、丙类液体甲醇、乙醚、丙酮等燃烧的火灾。

（3）C类火灾：指可燃气体，如煤气、天然气、甲烷、丙院、乙炔、氢气等燃烧的火灾。

（4）D类火灾：指可燃金属，如钾、钠、镁、钛、锆、锂、铝镁合金等燃烧的火灾。

（5）带电火灾：指带电物体燃烧的火灾。

根据火灾导致的人员伤亡和财产损失，火灾分为以下三类：

（1）特大火灾：指烧死10人以上，重伤20人以上；死亡、重伤20人以上，受灾50户以上，直接经济损失100万元以上的火灾。

（2）重大火灾：一般是指烧死3人以上，重伤10人以上；死亡、重伤10人以上，受灾3户以上，直接经济损失30万元以上的火灾。

（3）一般火灾：不具备以上两种情形的火灾为一般火灾。

二、火灾的成因

火灾发生的原因有很多，既有人为因素，也有自然因素，其主要原因有：

(1) 用火不慎：指人们思想麻痹大意，或者用火安全制度不健全、不落实以及不良生活习惯等造成火灾的行为。烧火做饭、照明时引发的火灾时有发生，这类火灾虽呈下降趋势，但仍占火灾起数的10%左右，应引起足够重视。

(2) 用电不当：指违反电器安装使用安全规定，或者电线老化或超负荷用电造成的火灾。生活中私拉乱扯电线，用铜丝代替保险丝等现象极易引起火灾。近年来，这类火灾呈不断上升趋势，且易引发大火。

(3) 违章操作：指违反安全操作规定等造成火灾的行为，如违章用火用电、违章储存、违章运输等引起的火灾。这类火灾已达火灾总数的24%还多，且仍呈上升趋势，是典型的人为因素造成的。

(4) 放火：指蓄意造成火灾的行为。主要是违法犯罪分子或精神病患者故意放火。这类火灾占火灾总数的9%左右。

(5) 吸烟：指乱扔烟头或卧床吸烟引发火灾的行为。吸烟扔掉的烟头如果没燃尽，带有明火极易引发火灾。所以，吸烟是流动的火源。吸烟引起的火灾占火灾总数的10%以上。

(6) 玩火：指儿童、老年痴呆或智障者玩火柴、打火机而引发火灾的行为。其中，在校学生玩火引起火灾的事件带有一定的普遍性。

(7) 自然原因：如雷击、地震、自燃、静电等引起的火灾。这类火灾是自然原因引起的，有些是无法避免的。

除了上面提到的七种主要起火原因外，原因不明和其他原因造成的火灾所占比例也不小。从近几年火灾直接原因分析，原因不明造成的火灾呈逐年增多趋势。

三、火灾的危害

在社会生活中，火灾是威胁公共安全、危害人们生命财产安全的灾害之一，同时也是世界各国人民所面临的一个共同的灾难性问题。它给人类社会造成了生命、财产的严重损失。随着社会生产力的发展，社会财富日益增加，火灾损失上升及火灾危害范围扩大的总趋势是客观规律。联合国世界火灾统计中心提供的资料显示，发生火灾的损失，美国不到7年就翻一番，日本平均16年翻一番，中国平均12年翻一番。全世界每天发生火灾1万多起，造成数百人死亡。事实证明，火灾是当今世界上多发性灾害中发生频率较高的一种灾害，也是时空跨度最大的一种灾害。火灾的危害性具体体现在以下四个方面：

(1) 火灾会造成惨重的直接财产损失和难以估算的间接《产损失。2005年6月10日，汕头市潮南区华南宾馆发生特大火灾事故，造成31人死亡，28人受伤，直接经济损失849万元。事故发生后，广东仙头“6.10”特大火灾事故国务院调查组对事故进行调查。经专家鉴定和调查，认定“6.10”特大火灾事故是一起责任事故。事故的直接原因是宾馆二楼包厢顶部电线短路引燃可燃物所致，事故的间接原因是企业经营者严重违法违规经营。

（2）火灾会造成大量的人员伤亡。2000年12月25日，河南洛阳东都商厦因电焊工违章操作引起火灾，造成309人死亡，7人受伤，是近年来死亡人数最多的火灾事故。2002年湖南衡阳“11.3”特大火灾坍塌事故，导致20名消防官兵殉职，是建国以来死亡消防公职人员最多的一场火灾。

（3）火灾会造成生态平衡的破坏。1987年5月6日到6月2日长达近一个月的大兴安岭森林特大火灾，致使193人丧生，226人受伤，共计破坏了1000多万亩林业资源，殃及1个县城3个镇，破坏的生态平衡需80年才能恢复，经济损失高达69.13亿元，造成森林大面积减少，形成洪水灾害隐患。

（4）火灾会造成不良的社会政治影响。如火灾发生在首脑机关、通信枢纽、涉外单位、古建筑、风景区等处，就会造成严重的政治影响，甚至波及全国乃至全世界。

由此可见，火灾的危害性是极大的。我们必须认真贯彻执行“预防为主，防消结合”的消防工作方针，在做好防火工作的同时，在思想上、组织上和物质上积极做好各项灭火准备，一旦发生火灾，能够迅速有效地扑灭火灾，最大限度地减少财产损失和人员伤亡。

第二节　火灾的预防

一、增强防火意识

火灾带给人们生命财产的损失是巨大的，带给人们的教训是深刻的。但许多人特别是广大学生缺乏消防安全知识，消防意识淡薄。因此，了解和掌握一些消防知识，减少和预防火灾的发生，对同学们来说是非常重要的。增强防火意识，应当从下述几个方面做起。

（一）不玩火

许多学生常常背着老师和家长玩火。有的点火烧垃圾、烧树叶、烧纸、烧柴草，在野外烧废轮胎、废塑料等，还有的燃放烟花爆竹。几乎每一种玩法都具有引起火灾的危险性。缺乏自我保护能力和防火意识的学生尤其应当注意：充分认识玩火的危害性和可能带来的严重后果，任何时候都不玩火；打火机、火柴、鞭炮等常常是诱发火灾的物品，平时不要在身上携带这些东西；同学之间要互相监督、互相提醒，如发现有同学玩火应该立即制止，并报告老师和家长，对他们进行批评教育。

（二）爱护消防设备，保持通道畅通

为预防重大火灾事故，防患于未然，政府部门在许多地方设置了消防设备。这些设备如果被挪用或损坏，一旦遇上火灾，人们就会束手无策。同学们要爱护消防设备，应当做到：

（1）不要搬动、挪用或损坏消火栓、水枪、水带、灭火器以及专门用于消防的锹、镐、钩、沙箱、提桶等。

（2）不要随意按动商场、宾馆、图书馆等公共场所墙上安装的红色火警按钮。

（3）不要在楼梯通道放自行车或杂物，以保持其畅通无阻。

二、家庭火灾的预防

家庭中的火灾常常由于用火不慎和使用电器不当引起。因此，家庭火灾的预防要注意以下三个方面：

（1）使用火炉时应注意：火炉旁不要存放易燃物品；火炉的安置应与易燃的木质家具等保持安全距离，在农村，则要远离柴草；烘烤衣物要有人看管，人不能长时间离开；生火时，不要使用煤油、汽油助燃，以防猛烈燃烧发生火灾；掏出的未熄灭的炉灰、煤渣要倒在安全的地方，以防引起别的物体燃烧而造成火灾。

（2）使用煤气、液化气应注意：为防止煤气、液化气泄露，使用后应及时关闭总阀门；不能用明火查找煤气、液化气泄露；煤气罐应远离火源使用；要定期检查，确保煤气设施及用具完好。

（3）使用家用电器时应注意：要经常检查线路，发现导线绝缘层有破损或老化现象，要及时更新；在需要保险丝的线路中，要使用合适的保险丝，不能用大号保险丝或金属丝代替；使用大功率家用电器（如微波炉、电热器、空调、电熨斗）的时间要错开；使用发热的电器（如电熨斗）要小心，不可引燃易燃物品；电器使用完毕或人离开时，要及时关闭电源，以防电器过热而发生危险。

三、校园火灾的预防

（一）校园火灾发生的原因

（1）违章点蜡烛。主要是在学校熄灯后有的学生违反规定秉烛夜读，稍有不慎，就会引起火灾。

（2）违章点蚊香。夏季使用蚊香应注意安全，点燃的蚊香应与可燃物保持安全距离，否则，容易引发火灾。

（3）违章吸烟。个别学生违反规定偷偷吸烟，有的还乱扔烟头，若点燃的烟头遇到可燃物，就可能引发火灾。

（4）违章使用灶具。个别学生在宿舍里违章使用煤油炉、酒精炉等做饭，使用不当很容易引发火灾。

（5）违章用电。有些学生在宿舍里使用大功率电器，如电炉、电饭锅、电吹风、电热水器等，使用不当或线路过载都会引发火灾。还有些学生在宿舍里乱拉电线，随意增加用电设备，更有可能造成短路而引发火灾。

（6）违章烧废物。有的学生在校园里焚烧垃圾、树叶等物，还有的在宿舍里焚烧废纸等，都易引发火灾。

（二）校园火灾的预防

学生应当从自身做起，严格遵守有关消防规定，尽最大可能预防火灾的发生：

（1）不带火柴、打火机等火具进入校园，也不带汽油、烟花爆竹等易燃易爆物品进入校园。

（2）实验课上使用酒精灯和一些易燃的化学药品时，要在老师的指导下进行，并且严格按照操作要求去做，时刻小心谨慎，严防发生用火事故。

（3）采用火炉取暖的教室，要派专人负责，管理好炉火。

（4）不随意焚烧废纸，打扫卫生时，要将枯枝落叶等垃圾作深埋处理或送往垃圾站场，不要采取焚烧的办法。

（5）不私自乱拉电线，不违章使用电炉、电热水器、电吹风、电热杯等电器设备。

（6）台灯不要靠近枕边，不违章使用蜡烛照明，室内照明要做到人走灯灭。

（7）不违章点蚊香。点燃的蚊香要放在不可燃的金属架上，支架要放在瓷盆里或砖块上，不能直接放在木地板上，不得靠近蚊帐、床单、衣服等可燃物。

（8）不吸烟，不乱扔烟头。

四、公共场所火灾的预防

公共场所是人群密集的地方，一旦发生火灾，伤亡非常惨重。学生在公共场所应自觉遵守公共场所的防火规定：进入公共场所，自觉配合安全检查；不携带火柴、打火机等火种和易燃易爆品进入林区、草原、自然保护区、风景名胜区；不在公共场所吸烟、使用明火；自觉保护公共场所的消防设施、设备，不堵塞消防通道、不挪用消防器材，不损坏消防栓、防火门、火灾报警器、火灾喷淋等设施；不随便接触公共场所的电器设备开关等；自觉按照防火的要求去做，同时还要监督、劝阻他人可能造成火灾隐患的行为；发现异常情况，要及时向老师报告或报警。

五、常用电器防火常识

电视机的防火常识：连续收看电视的时间不宜过长，一般连续收看 4～5 小时后应关机一段时间，等电视机内的热量散发后再继续收看。选择适当的位置放置电视机，保证良好的通风。等电视机散热完毕再套电视机罩。防止液体进入电视机，不要使电视机受潮。在雨季，要每隔一段时间使用几小时电视机，用其自身发出的热量来驱散机内的潮气。室外天线或共用天线的避雷器要有良好的接地。雷雨天尽量不要用室外天线。看完电视要及时切断电源。

电热毯的防火常识：不买粗制滥造、无安全措施、未经检查合格的产品。电热毯第一次使用或长期搁置后再使用，应在有人监视的情况下先通电 1 小时左右，检查是否安全。使用前应仔细阅读说明书，特别要注意使用电压，千万不要把 36 伏的低压电热毯接到 220 伏的电压线口上。进口电热毯也有 100 伏或者 110 伏的，使用时不可疏忽大意。折叠电热毯不要固定位置。不要在沙发上、席梦思上和钢丝床上使用直线型电热线电热毯，其只宜在木板床上使用。使用电热毯时要注意防潮。避免电热毯与人体直接接触，不能在电热毯上只铺一层床单，以防人体揉搓使电热毯堆积打褶，导致局部过热或电线损坏而发生事故。电热毯脏了，只能用刷子刷洗，不能用手揉搓，以防电热线折断。电热毯不用时一定要切断电源。要选用与电热毯规格相匹配的保险丝。

电饭锅的防火常识：用电饭锅做汤时，不要忘记及时切断电源。电热盘和内锅表面不可沾有饭粒等杂物，以保证两者紧密接触。避免碰撞内锅，内锅若变形严重，要立即更换。使用时内锅要放得正，放下后来回转动一下以保证电热盘接触紧密。不要用普通铝锅代替内锅。电饭锅的外壳、电热盘和开关等切忌用水清洗。不要违章拉电源为电饭锅供电。电饭锅耗电功率较大，小的 300～500 瓦，大的上千瓦，线路中若有接触松动，容易引起火灾。

电热杯、电水壶的防火常识：用完电热杯、电水壶后务必切断电源。不可将电热杯的电源插头长期插在电源插座上，靠与插头串联的开关来控制。不要把电热杯长期固定放在木桌一个位置上使用。电水壶一定要放置在不易燃的基座上使用，周围不得有其他可燃物。清洗电热杯时要小心，不要使水流入电热杯的电器部分。

家用电熨斗的防火常识：在使用电熨斗时不要轻易离开。在熨烫衣物的间歇，要把电熨斗竖立放置在专用的电熨斗支架上，切不可放在易燃的物品上。不要随意乱放刚断电的电熨斗，要待它完全冷却后再收起来。使用普通型电熨斗时切勿长时间通电，以防电熨斗过热而烫坏衣物引起燃烧。不同织物有不同的熨烫温度，而且差别很大。因而熨烫各类织物时宜选用调温型电熨斗。应当注意，调温型电熨斗的恒温器失灵后要及时维修，否则，温度无法控制，容易引起火灾。不要使电熨斗的电源插口受潮，并保证插头与插座接触紧密。电熨斗供电线路导线的截面不能太小，不能与其他家用电器共用一个插座，也不要与其他耗电功率大的家用电器，如电饭锅、洗衣机等同时使用，以防线路过载引起火灾。

电吹风的防火常识：在使用通电的电吹风时，人不能离开，更不能随便搁置在台凳、沙发、床垫等可燃物上。要养成使用完毕电吹风，一定要将电源线从电源插座上拔下的习惯，特别是遇到临时停电或电吹风出现故障时，更应如此。通电的电热丝列入明火管理范围。严禁在禁火场所，尤其是易燃火灾危险场所使用电吹风。

空调器的防火常识：尽量使窗帘等避开空调器，或采用阻燃型织品的窗帘。根据以往的教训，窗帘是窗式空调器火灾蔓延的主要媒介。用电热型空调器制热，关机时须牢记切断电热部分的电源，需冷却的，应坚持冷却两分钟。不要短时间内反复切断和接通空调器的电源。当停电或拔掉电源插头后，一定要将选择开关置于“停”的位置，等接通电源后，重新按启动步骤操作。一般家用空调器的耗电功率为1～3千瓦，其电源线路的安装和连接必须符合额定电流不低于5～15安培的要求，并设有单独的过载保护装置。

第三节　灭火的方法

当火灾发生时，如果火势并不大，且未对人的生命造成很大威胁时，我们应当及时灭火，争取把损失降到最小，从而最大限度地保护人民群众的生命财产安全。所以，学生应当学习掌握灭火的基本常识以及几种常用灭火器的使用方法。

一、常用的灭火方法

（一）冷却灭火法

冷却灭火是根据可燃物质燃烧时必须达到一定温度（燃点）这个条件，将灭火剂或水直接喷洒在燃烧的物体上，使可燃物质的温度降至燃点以下，从而使燃烧停止。冷却灭火法是灭火的主要方法，使用的主要物质是水和二氧化氮。在没有其他灭火剂的情况下，水是最常用和最方便的灭火剂。但以下情况不能用水灭火：忌水物质和遇水放热物质（如钾、钠、铅粉、电石等）的燃烧，铁水、钢水及灼热物质的燃烧，可燃易燃液体火灾，电器火灾，精密仪器、贵重文物、档案的火灾。

（二）隔离法灭火

隔离法灭火是根据发生燃烧必须具备可燃物，将燃烧物与附近的可燃物隔离或分散开，使燃烧停止。比如火灾中，关闭管道闸门，切断流向火区的可燃气体和液体，或使已经燃烧的容器或受到火焰烧烤、辐射的容器中液体可燃物通过管道引流到安全区，拆除与火源毗邻的易燃建筑物，搬走火源附近的可燃物等。

（三）窒息法灭火

窒息法灭火是根据可燃物质发生燃烧通常需要足够的氧气这个条件，采用适当的措施来防止空气流入燃烧区，或者用惰性气体稀释空气中的氧气含量，使燃烧物质因缺少或断绝氧气而熄灭。运用窒息法灭火时，可以采用石棉被、湿棉被、湿帆布等不燃或难燃物质覆盖在燃烧物上。

（四）抑制灭火法

即将化学灭火剂喷入燃烧区参与燃烧链式反应，使燃烧过程中产生的自由基快速消失，进而使燃烧熄灭。如将干粉和卤代烷灭火剂喷向燃烧区，使燃烧终止。

上述灭火方法应当根据火灾发生时的实际情况，采用一种或多种方法，及时灭火。

二、灭火器使用要领

（1）提起灭火器。

（2）拉开安全针（保险针）。

（3）用力握下手压柄。

（4）对准火源的根底部喷射。

（5）左右移动扫射。

（6）保持监控，确定熄灭。

三、几种常见火灾的扑救方法

（1）家具、被褥等起火：一般可用水灭火。用身边可盛水的物品如脸盆等向火焰上泼水，也可把水管接到水龙头上喷水灭火，同时，把燃烧点附近的可燃物泼湿降温。

（2）电器起火：家用电器或线路着火，要先切断电源，再用干粉或气体灭火器灭火，不可直接泼水灭火，以防触电或电器爆炸伤人。

（3）油锅起火：油锅起火时应迅速关闭炉灶燃气阀门，直接盖上锅盖或用湿抹布覆盖，还可向锅内放入切好的蔬菜冷却灭火，将锅平稳端离炉火，冷却后才能打开锅盖，切勿向油锅倒水灭火。

（4）燃气罐着火：用浸湿的被褥、衣物等捂盖，并迅速关闭阀门。

第四节　学校的消防安全管理

了解、学习和掌握防火知识，协助学校做好防火工作，减少和杜绝火灾事故的发生，保护我们的校园是每一位师生的共同责任。让我们每个人都肩负起消防安全的重任，从思想上树立牢固的消防安全意识，从我做起，从现在做起，构筑一道防范火灾的钢铁长城，创造一个安全、稳定、和谐的学习和生活环境。

各类学校除了设有许多直接供教学、科研使用的教室和各种实验室外，还有许多为之服务的建筑和设施，如图书馆、资料档案室、会议室、计算机房、物资仓库，以及办公楼、宿舍、食堂、商店、招待所等，很容易发生火灾。建国以来，在我国 looo 多所全日制高校中，从未发生过火灾的寥寥无几。有的学校整座教学楼、实验室、宿舍楼被烧毁，损失巨大，严重影响了教学、科研活动的正常进行，有的甚至造成了群死群伤的恶性后果。因此，必须加强学校的消防安全管理。

一、教室的防火

教室是日常教学的主要场所。教室内人员集中，同时可容纳十几人、几十人甚至数百人，因此，必须注意教室的防火和安全疏散等问题。

（1）教室的耐火等级不宜低于三级。

（2）人员集中的教学楼的防火间距不应小于25米。

（3）容纳人数超过50人的教室，其安全出口不得少于2个，疏散门不应设有门槛，门口1.4米范围内不应设台阶，门扇应向疏散方向开启。

（4）教学楼超过5层时，应当设置封闭楼梯间。

（5）课堂演示、实验用的易燃易爆物品，应当随用随领，不得在教室内存放。

二、计算机房的防火

计算机房主要由主机房、电源系统等部分组成。根据对国内外发生的计算机房火灾事故的分析，起火原因主要是：计算机本身起火；与计算机配套的设备或附件装置起火；计算机房的空调或电气设备起火。所以计算机房的主要防火措施为：

（1）计算机房应远离易燃易爆物品仓库。机房不宜设在5层以上，也不能设在地下室。

（2）计算机房的建筑物耐火等级应采用一级，不应低于二级，隔墙和内部装修应采用非燃材料。

（3）信息储存设备要设在单独的房间，各种资料柜应采用非燃材料制作。

（4）电气设备的安装应当符合安装规程的有关规定，机房内要设事故照明设备。

（5）空调系统要采用自动关闭联动装置。

（6）室内应安装火灾自动报警系统，以便及时发现早期火灾，把火灾消灭在萌芽状态。

（7）机房要有防雷、防静电措施。

（8）机房内要严格控制一切用火，严禁吸烟或带进火种。

三、实验室的防火

由于实验室内装有相当多的用电设备、仪器仪表、危险品等，使用不当，往往会发生火灾。其防火要求如下：

实验室建筑的耐火等级不宜低于二级，走道和搂梯要保持畅通，不得堆放易燃易爆物品和杂物，更不能堵塞通道。实验室必须有一名负责人主管防火工作，并确定1—3名义务消防员，进行经常性检查，熟悉灭火器材的性能和使用方法，会报警、会扑救初期火

灾。实验室的贵重材料和危险品必须有专人管理，健全领发和回收手续，分类存放，定期检查，保管员必须熟悉这些物品的特性，能正确使用灭火器材。实验室的电气设备必须按规范安装，不得乱拉乱接临时线路，严禁在实验室内私用电炉或其他电热器具。设备运行期间必须有人值班，下班关好电源、水源。实验室配置的消防器材要指定专人保管，不得移作他用和随意损坏。灭火器要放在醒目且便于取用的位置，要保持灭火器材的完好、有效。实验室内严禁吸烟。

四、图书馆的防火

图书馆收藏的各类图书报刊和资料都是可燃品，一旦发生火灾，不仅会使珍贵图书资料化为灰烬，还会危及师生的人身安全，造成生命财产的重大损失。其防火措施有：

图书馆应设在环境清静、安全的地带，并与周围的房屋保持足够的防火空间。图书馆应当设在一、二级耐火等级建筑内，书库应当作为单独的防火分区，采用不可燃书架。图书馆的电气设备要符合有关电气设备安装规程，电气线路应采用金属套管保护，并尽量暗敷。书库内不得设配电盘，不准用碘钨灯照明。灯具与物品应保持不小于50厘米的距离。图书馆内的空调设备必须按规定安装，经常检查其运行情况，不准带故障运行，下班或长时间离开时必须切断电源。书库内应设自动报警装置，还应设气体灭火系统。灭火器材必须放置在醒目和便于取用的位置。图书馆内严格控制一切用火，严禁吸烟和带火种进入，不得存放易燃易爆和可燃物品。

五、学生宿舍的防火

学生宿舍人员比较集中。如果疏于管理，可能会发生火灾。据调查，学生宿舍发生火灾的主要原因有：违章使用电炉或私拉电线；使用酒精炉或煤油炉不慎；用蜡烛照明不慎引燃床单等可燃物；吸烟乱扔带火烟头等。有些学校为了便于管理，将宿舍楼的出口上锁或封堵，一旦发生火灾，学生无法逃生。因此学生宿舍应作为重点部位，搞好防火管理、保持疏散通道畅通。各校应对学生进行消防知识普及教育，增强消防意识。同时，提高发生火灾后的自防自救能力，学会防火、灭火以及火场逃生知识。健全学生宿舍防火安全制度，并经常检查督促认真执行、落实。定期对学生宿舍进行防火安全检查，纠正违章用火、用电现象。学生宿舍要配置必要的灭火器材，走廊、通道严禁堆放杂物，保持畅通，安全出口严禁封堵或上锁，并根据需要设置疏散指示标志。

【读一读】

消防安全知识20条

(1) 父母、师长要教育儿童养成不玩火的好习惯。任何单位不得组织未成年人扑救火灾。

(2) 切莫乱扔烟头和火种。

(3) 室内装修、装饰不宜采用易燃、可燃材料。

(4) 消火栓关系公共安全，切勿损坏、圈占或埋压。

(5) 爱护消防器材，掌握常用消防器材的使用方法。

(6) 切勿携带易燃、易爆物品进入公共场所、乘坐公共交通工具。

(7) 进入公共场所要注意观察消防标志，记住疏散方向。

(8) 在任何情况下都要保持疏散通道畅通。

(9) 任何人发现危及公共消防安全的行为，都应向公安消防部门或值勤公安人员举报。

(10) 生活用火要特别小心，火源附近不要放置可燃、易燃物品。

(11) 发现煤气泄漏，速关阀门，打开门窗，切勿触动电器开关和使用明火。

(12) 电器线路破旧老化要及时修理更换。

(13) 电路保险丝（片）熔断，切勿用铜线、铁线代替。

(14) 不能超负荷用电。

(15) 发现火灾速打报警电话119，消防队救火不收费。

(16) 了解火场情况的人，应及时将火场内被围人员以及易燃、易爆物品的情况告诉消防人员。

(17) 火灾袭来时要迅速疏散逃生，不要贪恋财物。

(18) 必须穿过浓烟逃生时，应尽量用浸湿的衣被裹住身体，捂住口鼻，贴近地面。

(19) 身上着火时，可就地打滚，或用厚重衣物覆盖，压灭火苗。

(20) 大火封门无法逃生时，可用浸湿的被褥、衣物等堵塞门缝、泼水降温，呼救待援。

逃生自救常识

(1) 火灾袭来时要迅速逃生，不要贪恋财物。

(2) 家庭成员平时就要了解掌握火灾逃生的基本方法，熟悉几条逃生路线。

(3) 受到火势威胁时，要当机立断披上浸湿的衣物、被褥等向安全出口方向冲出去。

(4) 穿过浓烟逃生时，要尽量使身体贴近地面，并用湿毛巾捂住口鼻。

(5) 身上着火时，千万不要奔跑，可就地打滚或用厚重衣物压灭火苗。

(6) 遇火灾不可乘坐电梯，要向安全出口方向逃生。

(7) 室外着火，门已发烫时，千万不要开门，以防大火窜入室内。要用浸湿的被褥、衣物等堵塞门窗，并泼水降温。

(8) 若所有逃生线路均被大火封锁，要立即退回室内，用打手电筒、挥舞衣物、呼叫等方式向窗外发送求救信号，等待救援。

(9) 千万不要盲目跳楼，可利用疏散楼梯、阳台、排水管等逃生，或把床单、被套撕成条状连成绳索，紧拴在窗框、铁栏杆等固定物上，顺绳滑下，或下到未着火的楼层脱离险境。

防火常识

（1）教育孩子不玩火，不玩电器设备。

（2）不乱丢烟头，不躺在床上吸烟。

（3）不乱接乱拉电线，电路溶断器切勿用铜丝、铁丝代替。

（4）家中不可存放超过0.5升的汽油、酒精、天那水等易燃、易爆物品。

（5）明火照明时不离人，不要用明火照明寻找物品。

（6）离家或睡觉前要检查用电器具是否断电，燃气阀门是否关闭，明火是否熄灭。

（7）切勿在走廊、楼梯口等处堆放杂物，要保证通道和安全出口的畅通。

（8）发现燃气泄漏，要迅速关闭气源阀门，打开门窗通风，切勿触动电器开关和使用明火，并迅速通知专业维修部门来处理。

（9）不能随意倾倒液化气残液。

灭火常识

（1）发现火灾要迅速拨打火警电话119。报警时要讲清详细地址、起火部位、着火物质、火势大小、报警人姓名及电话号码，并派人到路口迎候消防车。

（2）燃气罐着火，要用浸湿的被褥、衣物等捂盖灭火，并迅速关闭阀门。

（3）家用电器或线路着火时，要先切断电源，再用干粉或气体灭火器灭火，不可直接泼水灭火，以防触电或电器爆炸伤人。

（4）救火时不要贸然打开门窗，以免空气对流，加速火势蔓延。

第五节　火场的自救与逃生

当火灾发生时，学生应当保持冷静。如果在起始阶段，应及时灭火，可随手用沙土、干土、浸湿的毛巾、棉被、麻袋等覆盖；如果火势较大，正在燃烧或蔓延，应该及时拨打火警电话119，迅速进行自救与逃生。

拨打火警电话119报警时应注意：要讲清失火单位、所在区（县）、街道、胡同、门牌号或乡村地区；要讲明什么东西着火，火势大小；切记不要惊慌失措、语无伦次甚至出现误报情况；要讲清报警人的姓名、电话号码和住址，以便消防人员及时联系；报警后最好到路口等候消防车，以便带领消防车去火灾现场。学生还要注意不要谎报火警或乱打火警电话，因为谎报火警或乱打火警电话是一种扰乱社会公共秩序、妨碍公共安全的违法行为。

一、火场中的自救

发生火灾后，人员能否迅速、安全地逃离火场，能否最大限度地避免和减少人员伤亡，除火场多种复杂条件和人的行为因素外，与火灾中人员的自救和互救能力以及选择的逃生途径和逃生方法密切相关。选择正确的逃生途径，运用科学的逃生方法，并根据不同场所、不同火灾的特点采取灵活机智的自救措施，方可化险为夷，安全撤离火场。

通过消防通道、楼梯或安全出口逃生。千万不要通过电梯逃生。因为电梯的供电系统随时会因火灾断电或因高温的作用变形而把人困在电梯内，同时由于电梯井直通各楼层，有毒的烟雾直接威胁被困人员的生命。消防通道、楼梯或安全出口是火灾发生时最重要的逃生途径，当同学们来到一处陌生环境如入住酒店、到商场购物、进入娱乐场所时，首先要熟悉消防通道、搂梯或安全出口的方位，一旦发生火灾，就能迅速逃离现场。当消防通道、楼梯或安全出口着火，但火势不大，可把棉被、毯子浸湿后披在身上，迅速果断地从火中冲出去，就可安全脱险。当楼梯等正常通道均被大火烧毁倒塌或火焰太大无法穿越时，可以通过房屋的阳台、排水管或利用竹竿等逃生。

当没有上述逃生之路时，应退到室内，关闭通往着火区的门窗，有条件时可向门窗上浇水，以延缓火势蔓延；如烟雾太浓，可用湿毛巾等捂住口鼻，但不宜呼叫，防止烟雾进入口腔，同时可向室外扔出小东西，在夜晚则可向外打手电，发出求救信号。固守在房内，等待救援人员到达。

利用救生绳、缓降器或者救生袋自救。救生绳是上端固定悬挂、供人手握滑降的绳子。火灾中，将救生绳固定在阳台、窗户或其他物体上，人顺绳滑下即可脱离险境。没有救生绳的可以把床单、布匹撕成条状连接起来，用水浸湿后，一端紧拴在牢固的门、窗等可靠的支撑物上，然后，顺其下滑，自制救生绳逃离火灾危险区。缓降器是由挂钩吊带、绳索及速度控制器等组成的供人靠自重缓慢滑降的安全救生装置。它可以由专用安装器具安装在建筑物窗口、阳台或平屋顶等处，火场被困人员可用其进行逃生自救。救生袋是两端开口的长条形袋状物，可供人从高空处在其内部缓慢滑降，被困人员进入袋内后，依靠自重和人体的不同姿势来控制降落速度，缓慢降落至地面。后两种救生设备可能一般人员和家庭暂不具备。多数情况下可通过自制救生绳脱离险境。

跳楼自救。如果火灾中被困人员的生命受到严重威胁而又无其他自救方法时，可选择此法。如果搂层不高且火势猛烈、情况紧急，被迫跳楼时，可先向地面抛一些棉被等物品，以增加缓冲，然后手扶窗台往下滑，以缩小跳落高度，并保证双脚首先落地。应当注意的是，只有当消防人员准备好救生气垫指挥跳搂逃生或楼层不高（一般四层以下）不跳就会被烧死的情况下才采取此法。如果在火灾中被困，但生命还未受到严重威胁，应当冷静地等待消防人员的救援。

当没有火焰，只有浓烟时，要防止烟雾中毒或窒息。可以用湿毛巾、口罩等梧住口鼻，匍匐爬出烟雾区。穿过烟火封锁区时应佩戴防毒面具、头盔、阻燃隔热服等护具，如果没有这些护具，可向头部、身上浇冷水或用湿毛巾、湿棉被、湿毯子等将头、身体裹好

冲出火海逃生。如果身上已经着火，千万不可奔跑或用手拍打，因为奔跑或拍打会形成风势，加速氧气的补充，促旺火势。此时应设法把衣服脱掉，也可卧倒在地上打滚，把身上的火苗压灭。如果就近有水，且身上的火势较大，上述办法难以奏效时，可跳入水中，让火熄灭，以尽量减轻烧伤程度和烧伤面积。

在火场中，保全性命才是最重要的，身处险境应尽快逃生，不要把宝贵的时间浪费在寻找、搬离贵重物品上，不要因为贪财而延误时间。已经逃离火场的，更不能重返险境寻找钱物。

在火灾事故中，学生除了要选择适当的方式自救逃生外，还应发扬互助精神，疏散老人、小孩和病人，对行动不便者，可用被子、毛毯等包扎好，用绳子、布条等吊下。

二、学生可能遭遇火灾的脱险方法

（一）平房起火脱险法

如果睡觉时被烟呛醒，应迅速下床俯身冲出房间。此刻，时间就是生命，不要等穿好了衣服才往外跑。如果整个房屋起火，要匍匐爬到门口，最好找一块湿毛巾捂住口鼻。如果烟火封门，应改走其他出口，并随手把你通过的门窗关闭，以延缓火势向其他房间蔓延。如果你被烟火围困在屋内，应用水浸湿毯子或被褥，将其披在身上，尤其要包好头部，用湿毛巾捂住口鼻，做好防护措施后再向外冲，这样受伤的可能性要小得多。千万不要趴在床下、桌下或钻到壁橱里躲藏。也不要为抢救家中的贵重物品而冒险返回正在燃烧的房间。

（二）教学楼起火脱险法

现代教学楼由于楼层逐渐增高，结构越来越复杂，学生密度大，再加上课桌、课椅等可燃物较多，发生火灾时，逃离比较困难。一旦教学楼楼房起火，应当按以下方法逃生：当发现楼内起火时，切忌慌张、乱跑。要冷静地探明着火方位，确定风向，并在火势未蔓延前，朝逆风方向快速离开火灾区域。起火时，如果楼道被烟火封死，应该立即关闭房门和室内通风孔，防止进烟。随后用湿毛巾捂住口鼻，防止吸入热烟和有毒气体，并将身上的衣服浇湿，以免引火烧身。如果楼道中只有烟没有火，可在头上套一个较大的透明塑料袋，防止烟气刺激眼睛和吸入呼吸道，并采用弯腰的低姿势逃离烟火区。如果楼层不高，可以自制救生绳从窗口降到安全地区。切记不能乘电梯，因为电梯随时可能发生故障或被火烧坏。应沿防火安全疏散楼梯朝底楼跑；如果中途防火楼梯被堵死，应立即返回到屋顶平台，并呼救求援。也可以将楼梯间的窗户玻璃打破，向外高声呼救，让救援人员知道你的确切位置，以便营救。

(三)单元式居民住宅的火灾逃生与自救

1. 利用门窗逃生自救

单元式居民住宅发生火灾，在火势不大，还没有蔓延到整个住宅时，可利用门、窗进行逃生自救。将被褥、毛毯或织物用水浇湿披在身上或裹住身体，采用弯腰的低姿势迅速冲出被困区域，或者将绳索一端固定在窗户的构件上，顺其滑下，也可将一端系于小孩子或老人两腋和腹部，沿窗放至地面。在没有绳索的情况下，可将床单、窗帘等撕成条状，自制救生绳逃生。

2. 利用阳台逃生自救

单元式居民住宅发生火灾，在火势较大，无法利用门窗逃生时，可利用阳台逃生。高层单元式住宅建筑从第七层开始每层相邻单元的阳台都是相互连通的，火灾受困时，可拆去阳台间的分隔物，从阳台进入另一单元，再进入疏散通道逃生。当建筑中无连通阳台而阳台又相距较近时，可将室内的床板或门板置于阳台之间搭桥通过。如果楼道走廊充满浓烟无法通过时，可紧闭与阳台相通的门窗，站在阳台上避难，同时向外界发出求救信号。

3. 开辟避难空间逃生自救

单元式居民住宅发生火灾，当室内空间较大而火灾占地不大时，可开辟避难空间逃生自救。将卫生间、厨房或其他房间的可燃物清除干净，或将可燃物用水浇湿，同时清除与此室相连室内的部分可燃物，清除明火对门窗的威胁，然后紧闭与燃烧区相通的门窗，用湿布条堵塞门窗之间的缝隙，防止烟雾和有毒气体侵入，等待火势熄灭或消防人员的救援。

4. 利用附属设施逃生自救

当单元式居民住宅的房间外墙壁上有排水管、供水管或避雷线等其他附属设施时，有能力的可以利用这些附属设施进行逃生自救。

5. 单元式居民住宅逃生自救注意事项

从单元式居民住宅火场中或有烟雾的室内撤离时，应尽量采取低姿势前进，减小烟火对人体的侵害。在火灾逃生过程中，应尽量避免携带物品，要迅速逃离火场，保证人员生命安全。要正确估计火灾发展和蔓延趋势，运用切实有效的逃生手段和措施，不得盲目采取行动。要做到火灾逃生、火灾报警和火场求救相结合，防止只顾逃生而不顾报警与呼救或只顾呼救而不顾逃生等，造成失去逃生或扑救火灾的最佳时机。为了以防万一，平时家中最好要准备几根足够长的结实绳子，有孩子的家庭还应准备滑轮、大号水桶、木箱子等救生工具。

(四)楼梯被火封锁后怎么办

楼梯一旦被烧断，可以从窗户旁边安装的排水管道往下爬，但要注意察看管道是否牢

固，防止人体攀附上去后断裂脱落造成伤亡。或者将床单撕开连结成绳索，一头牢固地系在窗框上，然后顺绳索滑下去。楼房的平屋顶是比较安全的处所，也可以到那里暂时避难。或者从突出的墙边、墙裙和相连接的阳台等部位转移到安全区域。如果上述方法都无法实施，应到未着火的房间内躲避并呼救求援。跳楼逃生是在万不得已的情况下才采取的逃生方式。

（五）当楼内房间被火围困时怎么办

楼房发生火灾后，能冲出火场就要冲出火场，能转移就要设法转移。火势强烈，实在没有道路逃离时，你可以采用下述方法等待救援：坚守房门，用衣服将门窗缝堵住。同时要不断向门、窗上泼水。室内一切可燃物如床、桌椅、被褥等，都需要不断向上泼水。不要躲在床下、柜子里或壁橱里。设法通知消防人员前来营救。要俯身呼救，如喊声听不见，可以用手电筒照射，或挥动鲜艳的衣衫、毛巾及往楼下扔东西等方法引起营救人员的注意。

（六）身上衣服着火怎么办

此时不要盲目乱跑，也不能用手扑打。应该扑倒在地来回打滚，或跳入身旁的水中。如果衣服容易撕开，也可以用力撕脱衣服。营救人员可往着火人身上泼水，帮助撕脱衣服等，但不可以将灭火器对着人体直接喷射，以防化学感染。

（七）山林着火如何脱险

此时应辨别风向、风力以及火势的大小，选择逆风或侧风的安全逃离路线。如果风大，火势猛烈，并且距人较近，可以选择崖壁、沟洼处暂时躲避，待风小、火小时再脱身。如果火距人较远，则应选择逆风方向或与风向垂直的两侧撤离。例如刮北风，则应朝北或东、西两方向脱离险境。不要顺风跑，因为风速、火速要比人跑得快。

实际上，各种火场的情况是非常复杂的，应合理运用火灾避难的方法，并要牢记十六个字：临危不惧，清醒果断，争分夺秒，巧妙脱险。总之，争取时间，快速离开，以确保生命安全。

第八章　网络与信息安全

随着科学技术的不断进步，信息技术的飞速发展，互联网已经成为人们日常生活中不可或缺的一部分。众所周知，互联网为我们的工作和学习提供了诸多的便利，但是现如今，网络与信息的安全问题也已经成为社会各界密切关注的话题。诸如网瘾、网络诈骗、个人信息泄露、不良网站等安全隐患都是由网络引起的，而这类安全隐患对于没有树立相应安全意识的青少年来说，影响是巨大而恶劣的。

中国互联网络信息中心发布的第 36 次全国互联网发展统计报告显示，截至 2015 年 6 月，我国网民总数已达 6.68 亿人。10～19 岁年龄段青少年上网人数占被调查总人数的 23.8%。中职生正处于青春期发展的关键阶段，其对网络危害的抵抗能力较弱，所以加强中职生网络与信息安全教育就显得尤为重要，本单元将从网络成瘾，各类网络诈骗，以及如何正确对待网络谣言等问题入手，引导中职生养成抵抗各类网络问题的意识和能力。

第一节　网络依赖

上网者由于长时间地和习惯性地沉浸在网络时空当中，对互联网产生强烈的依赖，以至于达到了痴迷的程度，产生难以自我解脱的行为状态和心理状态。网络依赖的形成受到多方面的影响，有来自家庭的、学校的、自身的、机制的等，因此在面对网络依赖这一现象出现在青少年身上时，不应将错误归结到他们。相反，更大一部分原因是在其所处的环境，即家庭和学校。

网瘾的危害

据《中国青少年网瘾报告（2009）》调查，职高、中专、技校这一类学生在“我国网瘾青少年比例”中排名第二，仅次于大专学生，这一调查，能够充分说明这类群体，

对网络的抵抗力较弱。

一、案例警示

19 岁的淳恩是一名高一学生，淳恩的父母在他上高中的时候分居了，家庭环境的突变对淳恩的打击非常大。父母分居后对其监管也变得松懈，淳恩开始沉迷网络，逃学等。

不良的家庭环境是导致网络依赖的主要原因之一，会对子女造成负面影响。家长作为监护人，应为子女提供良好的家庭环境，并对其进行必要的监管。

案例回放

刘某所学的专业是软件，他在课余时间经常出入学校附近的“网吧”，开始，他只是在做完作业后玩一会儿游戏放松一下。可是最近他接触了一群新朋友，渐渐地迷上了网络游戏，不仅不完成作业，而且还把家里给的生活费拿去买“点卡”。

案例解析

首先，我国法律规定，中小学校园周边，不得设置互联网上网服务营业场所等不适宜未成年人活动的场所。而且互联网上网服务营业场所等不适宜未成年人活动的场所，不得允许未成年人进入，经营者应当在显著位置设置未成年人禁人标志；对难以判明是否已成年的，应当要求其出示身份证件。其次，“网吧”这类场所社会人员较多，由于未成年人不具备一定的自我控制能力，很容易就被“网友”介绍的网络游戏所吸引，沉迷网络，耽误学业。所以，我们在课余时间尽量去学校提供的机房去学习，发现其他同学出入“网吧”等场所时，要及时劝阻。

二、安全建议

（1）当你有以下几种症状时，你可能已经对网络产生了依赖，请及时注意。

①对网络的使用有强烈的渴求或冲动感。

②减少或停止上网时会出现周身不适、烦躁、易怒、注意力不集中、睡眠障碍等戒断反应，上述戒断反应可通过使用其他类似的电子媒介，如电视、掌上游戏机等来缓解。

（2）当你满足下列行为中的任意一种，你应该立刻去咨询父母或者学校的心理老师。

①为达到满足感而不断增加使用网络的时间和投入的程度。

②使用网络的开始、结束及持续时间难以控制，经多次努力后均未成功。

③固执使用网络而不顾其明显的危害性后果，即使知道网络使用的危害仍难以停止；因使用网络而减少或放弃了其他的活动。

④将使用网络作为一种逃避问题或缓解不良情绪的途径。

⑤网络依赖的病程标准为平均每日连续使用网络时间达到或超过 6 个小时，且符合症状标准已达到或超过 3 个月。

避免网络依赖小口诀

网络依赖危害大，毁了前途真可怕。

自我制定时间表，按时执行人人夸。

三、应对措施

（1）明确网络依赖所带来的危害，做到“自我约束”。

（2）监护人对学生起到必要的监督作用，规定学生每日上网时间。

（3）监护人应树立榜样，以身作则，多与子女沟通交流。

（4）积极参加户外活动，培养其他兴趣，从网络“虚拟世界”中走出来。

（5）应多与其他同学进行交流，避免因沉迷于网络所导致的各类心理问题。

（6）如果情况严重，必要时可进行心理治疗。

（7）严禁限制人身自由的治疗方法，严禁体罚。

（1）我每天固定上网 2 小时，但都是用来查找资料进行学习，算是“网瘾少年”吗？

（2）爸爸是 IT 工程师，他每天都坐在电脑前，爸爸算不算是网络依赖？

（3）学校附近“网吧”老板说我可以每天到他店里免费上网 1 小时，我该怎么办？

第二节　网络谣言

网络谣言是指通过各类网络媒介肆意传播没有事实基础、事实依据的消息。一般的传播途径包括网络论坛、聊天软件、社交软件等。主要的对象有名人明星、各类社会突发事件等。网络谣言的产生原因大多与传播群体科学知识的欠缺，网络信息监管的滞后，各种商业利益的驱动有着密切的关系。2013 年 9 月 9 日公布的《最高人民法院、最高人民检察院关于办理利用信息网络实施诽谤等刑事案件适用法律若干问题的解释》，明确了网络谣言的各类定罪形式。

谣言

其中我们所称的网络谣言的传播媒介，不仅仅包括计算机，还包括手机、传真机等电子设备。

一、案例警示

2014 年 11 月 3 日，中国青年政治学院一名学生在某社交平台上发布消息，大意是：APEC 期间，为了保证市民的安全，北京三环附近安排了各国的狙击手，请大家不要乱开窗。消息一经发出，造成了市民的恐慌。中国青年政治学院保卫处的相关负责人称：此条消息并非校方下发，希望大家能够不传谣、不信谣。

该学生在面对网络信息时，缺乏明辨真假的能力，在没有查明来源是否可靠，

消息是否确实的情况下，轻易相信并传播了这条消息。案例中的这条消息，通过传播，已经严重影响了北京市民的正常生活，造成了市民的恐慌，引发了公共秩序的混乱，该学生的做法已经触犯了法律。在信息爆炸的今天，面对随时更新的消息，我们应当有着自己的判断。

2012 年 2 月 19 日，河北省保定市的刘某通过微博发布了一条消息称："保定市 252 医院确认一例非典患者。"随后又自己跟帖，再次确认这个消息。20 日，又有一些网友发布消息，称对此事并不知情，希望有关部门及时确认消息。这些消息的发布，给保定市民带来了极大的恐慌，并引起了许多市民的极大愤怒。在当月的 23 日保定市 252 医院发布消息进行辟谣，但是未获得任何网民信任。最后，当地卫生部门两次出面辟谣，才将此次谣言平息。最终，涉案人员刘某被依法劳动教养两年。

网络谣言会造成社会的动荡，谣言利用互联网进行传播，而"微博"等各类社交网络的普及，更是为各类信息的传播提供"土壤"。所以我们在利用网络的同时，应该学会如何甄别虚假信息，学会如何对自己、对他人、对社会进行保护。此外，在面对官方消息时，应当抱以信任，不受网络虚假信息挑拨，做出错误选择。

二、安全建议

（1）不传谣、不造谣，不给不法分子可乘之机。

（2）用科学的知识来武装自己，当不确定的消息来临时，我们要利用所学知识，分析消息的正确性，切记不要人云亦云、三人成虎。

（3）提高自己的辨别觉察能力、不轻信不正规渠道流传的网络消息。

（4）明确网络谣言的严重性，提高自身法制观念。

避免谣言小口诀

谣言始于庸者，止于智者，说人是非者，必是是非人。

三、应对措施

（1）当收到虚假信息时，我们要及时收集证据，并向网络违法犯罪举报网站进行报案。网址是 http：//www.12377.cn/，或者拨打 12377 进行电话举报。

（2）如果情节严重，或者涉及自身的利益，对自身的名誉等造成了危害，请及时向当地公安机关报案。

（1）爸爸发微信给你，说今天晚上会有地震发生，现在要你回家避难，你该怎么做？

（2）你和小董吵架了，为了报复，你发了一条朋友圈，说他患有肺结核，他发现后说要报警，现在你后悔了，你该怎么办？

第三节　电子产品辐射

现代科技的不断进步促使手机、电脑、平板电脑等电子产品从最初的奢侈品演化为大众消费品，并正在向生活必需品的趋势发展。作为网络的基本载体，这些电子产品已经开始为越来越多的人使用，例如移动电话用户规模突破 13 亿，4G 用户占比超过 1/4。但是，电脑在为我们学习工作带来便利的同时，也无形之中对我们的身体造成了损害。

蓝光辐射和微波辐射是电子产品发出的危害人体健康的两种常见辐射。长时间注视电脑屏幕，眼睛会出现不同程度的疲劳，长期使用还会出现视力下降和头晕恶心等现象。除了蓝光辐射，微波辐射也存在于电子产品使用中。微波是指频率为 300MHz～300GHz 的电磁波，人的眼睛受各类电磁波的伤害，早已成为不争的事实，轻度时会感到眼干、眼涩，严重时很可能会导致视力下降甚至引发白内障等眼部问题。而手机辐射危害主要是由其发射的高频无线电波造成的。据美国移动电话协会的研究，鞭状手机天线发射的微波中，有 60%被人脑近距离吸收。手机天线是产生辐射最强的地方，而人脑与发射天线的距

离仅 2～5cm，因此是存在潜在危害的。

不要长时间盯着显示器

一、案例警示

小亮从小就是个历史迷，每天只要做完作业就一定会打开电脑，阅读古代历史故事。父母见其上网是学习知识，也就放松了对小亮的约束，而忽略了帮助其养成良好的用眼习惯，到初中毕业时小亮的近视眼已经高达 600 度。

青春期的学生正处于身体的发育期，在日常使用电脑时，持续注视屏幕一定不要超过一小时，间歇时要适当放松眼睛，向远处眺望，避免电脑辐射对眼睛造成的损害。在长时间使用电脑后，应做眼保健操对眼部进行放松。

张某是一名高一的学生，他酷爱看“美剧”，每到熄灯后，他都会窝在被子里

通宵拿着手机看视频。他说："最喜欢晚上关灯看剧的感觉，完全不比电影院看大片的效果差。"可是最近，他发现自己的视力下降，眼睛也时常酸痛。

在黑暗的环境中看手机，更易造成眼部疲劳。因此，应选择在明亮的环境中使用电子产品，并根据周围光线的强度调整屏幕的亮度，每次使用的时间不宜过长。长期熬夜也会对人体健康产生危害，造成内分泌和神经系统功能失调，抵抗力和免疫力下降，记忆力减退，皮肤干燥等症状。

二、安全建议

(1) 避免长时间使用电脑，注意间歇。

(2) 如长时间使用，建议在屏幕上安装显示器防辐射保护装置。

(3) 电脑屏幕的亮度要随着室内光线调整，不宜过亮。

(4) 使用电脑的姿势要正确，眼睛距显示器不宜过近，建议 40～50cm。

(5) 注意补充营养，多吃一些含维生素 A 的食品。

(6) 电脑旁养一盆绿叶植物，可以缓解视觉疲劳。

(7) 请不要长时间在孕妇旁使用电脑。

护眼小食谱

维生素 A 有明目的作用，在日常饮食中注意多吃胡萝卜、豆芽、瘦肉、动物肝脏等富含维生素 A 的食物。

三、应对措施

(1) 如果在使用电子产品时出现以下症状请立刻停止使用，闭眼放松或向远处眺望，并可使用适量的缓解疲劳的滴眼液。

①眼干、眼涩、眼痛。

②眼睛无法聚焦，看文字重影。

③出现"飞蚊症"症状，"飞蚊症"即眼前有飘动的小黑影，尤其看白色明亮的背景时更明显，还可能伴有闪光感。

（2）如果在使用电子产品时出现以下症状，你的身体很可能遭到了辐射的伤害，请及时就医。

①头晕，恶心，并伴随呕吐。

②眼前发黑，身体极度不适。

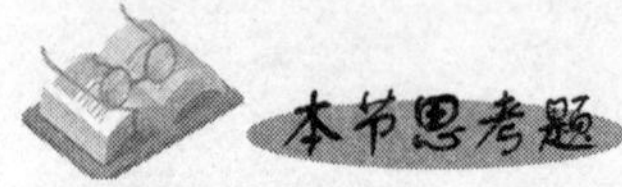

（1）学生以为“我戴了防辐射眼镜，现在可以熬夜玩电脑游戏了”，请问他的做法是否正确？说出你的看法。

（2）长时间上网后出现了恶心、呕吐等症状，该怎么办？

（3）电脑辐射有哪些危害？应该如何避免？

第四节　网络诈骗

网络诈骗是指以非法占有为目的，利用互联网采用虚构事实或者隐瞒真相的方法，骗取数额较大的公私财物的行为。网络诈骗是近些年来犯罪分子采取的一种新兴的犯罪手段，它的特点是捏造事实、虚构真相、利用互联网实施诈骗行为。《中国网络生态安全报告（2015）》指出：当前网络犯罪猖獗。在众多案件中，网络诈骗，是主要且高发的犯罪类型。在各类网络诈骗的案例中不法分子的主要作案手段有以下几种。

当心钓鱼网站

（1）利用网络病毒，盗取身份信息，冒用身份进行诈骗。

（2）虚构中奖信息，骗取网民信任，进行诈骗。

（3）伪造或盗用各类网络通信软件信息，对家人和朋友实施诈骗。

（4）骗取银行卡等转账验证码，骗取钱财。

（5）通过网络聊天，网络交友等形式，骗取信任后，进行诈骗。

（6）利用网络购物等信息，发布虚假广告进行“低价诱惑”，骗取消费者信任，进行诈骗。

青少年往往缺乏警惕心理，对于一些陷阱没有判断能力，容易上当受骗。因此应该了解一些网络诈骗手段，掌握应对措施，以免成为受害对象。

一、案例警示

2015 年 8 月 12 日天津发生爆炸事故后，防城港的杨某发布虚假微博，谎称其父母遇难，博得网友同情，并利用微博的“打赏”功能，获得 3739 名微博网友共计总金额为 96576.44 元人民币的“打赏”费。事后，经当事人举报，公安机关依法将其赃款控制，将 3856 笔“打赏费”退还到各网友账户中，并以诈骗罪追究杨某的刑事责任。

利用社交网络发布虚假信息，博得网民同情是犯罪分子惯用的诈骗手段。特别是现如今各类社交网络的发展迅速，用户注册的门槛较低，各类不法分子乘虚而入，犯罪分子利用网络的虚拟性特点，对网民实施诈骗。所以我们对网络上出现的各类信息一定要进行客观的判断，不要轻信他人之言。

当今社会，苹果手机已经成为诸多年轻人追逐的时尚产品，但是，其过高的售价，让许多消费者望而却步。2015 年 3 月，在徐州上大学的小王，无意中发现有人在 QQ 空间里专卖苹果手机，而且价格非常便宜。于是就以非常低的价格预订了一台，可是就在他苦苦等待手机到货的这几天，他接到了卖家的来电称，手机已经被海关扣押，需要交纳 2000 元的关税。但是，小王将钱打过去之后，却再也没能联系上对方。

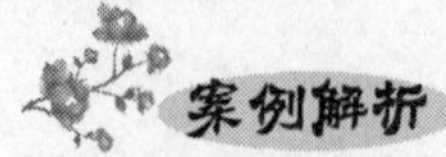

犯罪分子利用网络虚构购物信息，以超低的价格，吸引消费者“上钩”，一旦消费者走入圈套，犯罪分子就会根据消费者心理，进行二次诈骗。“交关税”“快递费”“手续费”等都是比较常见的网络诈骗手段，所以我们在网上购物的时候一定要选择正规的网站，三思而后行。

二、安全建议

（1）不要浏览非法的网站，定期清理电脑病毒。

（2）不要轻信网络上各类中奖信息。

（3）定期更换通信软件的密码，不要用生日，或者123456这类的简单密码。

（4）不要随便将各类软件的密码发送给其他人。

（5）不要随便给网友，或者电商汇款，网购时尽量选择货到付款。

（6）网购时，如果需要在线支付，请选择有第三方支付手段的平台（例如支付宝等）。

（7）上网时记得打开电脑的“防火墙”，并确保杀毒软件在实时保护状态。

（8）不要随便在网上填写个人信息，并注意对隐私的保护。

避免诈骗小口诀

网络诈骗危害大，骗财骗物真可怕。

虚假信息不轻信，举报罪犯靠大家。

三、应对措施

（1）当发现钱财被骗时，请立刻拨打110进行报警，并保留与犯罪分子的消息记录和一切有利证据。

（2）当朋友或亲人通过聊天软件要求借钱时，请打电话或者当面核实信息。

（3）网购时，如发现商品存在假冒伪劣嫌疑，可与客服联系退货。如商品确实为假冒商品，可以对商家进行投诉。

（1）多年不见的老同学给你发 QQ 消息，说家里着急用钱，让你给他发一个“红包”，你该怎么办？

（2）昨天上网时，在“砸金蛋”活动中，你砸中了一台笔记本电脑，但是需要支付 500 元运费。你该怎么办？

第五节 网络淫秽

网络的不断发展，给我们的学习和生活带来了极大的便利。但是在网络中，也传播着落后和腐朽的思想文化，充斥着各类的不良网站和不健康信息，对广大中学生的健康成长带来了极大的负面影响。其中网络淫秽信息，是危害青少年成长的罪魁祸首，据有关部门调查，网民对各类不良信息的举报中，淫秽色情类的有害信息举报较为突出，占六成以上，

淫秽物品是指具体描绘性行为或者露骨宣扬色情的淫秽性的书刊、影片、录像带、录音带、图片等物品。但是，有两类属于特例，第一类是有关人体生理、医学知识的科学著作。例如我们的性教育教材就不属于淫秽物品；第二类是包含有色情内容的有艺术价值的文学、艺术作品也不视为淫秽物品。例如著名的雕像“掷铁饼者”不属于淫秽物品。

我们要知道传播网络淫秽色情信息是违反法律的，在《最高人民法院、最高人民检察院关于办理利用互联网、移动通信终端、声讯台制作、复制、出版、贩卖、传播淫秽电子信息刑事案件具体应用法律若干问题的解释》中明确指出，利用互联网传播、复制、售卖网络淫秽信息的量刑标准。其中情节严重的，处三年以上十年以下有期徒刑，情节特别严重的，处十年以上有期徒刑或者无期徒刑。所以，在日常的学习中，我们要洁身自好，不给不法分子可乘之机。

一、案例警示

2015 年 11 月 7 日，铜陵县一名高一的女生李某在母亲的陪同下来到派出所报

案，李某称其同学刘某用QQ给她发了两张不雅照片，警方通过调查，排除了刘某的作案嫌疑。随后，警方将情况汇报给了网络监察大队，通过技术手段，锁定李某的另一名男同学高某。民警依法将其传唤至派出所。经询问得知：原来，高某、刘某及李某都是同学，李某与刘某平常关系较好，高某遂嫉恨刘某，为破坏刘某形象，高某申请QQ号，并下载两张淫秽图片，然后以刘某的名义发给了李某。对于高某的行为，民警对其进行了严厉的批评教育和警告。

案例解析

根据最高人民法院、最高人民检察院颁布的司法解释，制作、复制、出版、贩卖、传播淫秽电子刊物、图片、文章、短信息等200件以上的，根据情节严重情况处以三年以下或三年以上、十年以下的判罚。案例中高某的行为，虽然情节较轻，不构成违法，但是情节比较恶劣，民警对其进行了批评和教育。

案例回放

2015年11月中旬，冀州市公安局民警在一次巡查中发现，有大量的淫秽图片、视频通过网络传播进入冀州境内。经过警方调查，锁定了藏匿于天津市区的犯罪嫌疑人王某并将其抓获。审问时王某交代他的作案过程，他参与复制、贩卖淫秽百度云盘700余个，每个云盘的存储容量为2T。而9名嫌疑人中有3名竟然是中学生，参与贩卖云盘的主犯之一郭某，就是一名高中生，年仅15岁的他由于沉迷淫秽视频，学习成绩一落千丈，最终走上违法的道路。

案例解析

云盘存储是一项新兴的网络存储技术，这项技术为我们的储存方式提供了更加便利的服务，通过账号打开这个云盘就能读取之前存储的信息，不想这项新技术却成了某些不法分子非法获利的工具。所以，我们在享受网络给我们带来的便捷的同时，要洁身自好，坚决抵制网上的各类淫秽信息。

二、安全建议

（1）不上传、不下载、不传播网络淫秽色情信息。

（2）强化道德意识标准、树立正确的人生观、价值观，立场坚定。

（3）做到自我学习、学会自我约束、纠正不良行为，从自身出发提高自身抵御网络淫秽色情信息的能力。

（4）坚决抵制网上淫秽色情信息，主动参与“净网行动”。

（5）积极举报不良网站，做网络健康环境的协管员。

净网小口诀

网络淫秽很可怕，传播起来要犯法。

举报方式要牢记，争做净网小管家。

三、应对措施

（1）当我们受到不良信息的骚扰或威胁时，应在第一时间留下证据，并拨打 110 报警。

（2）在我们上网时，当发现带有不良信息的网页时，可以拨打 12377 进行电话举报，或者登录 www.12377.cn 进行网上举报。

（1）在上网时，你发现了好多裸体的油画，你是否应该进行举报？

（2）阿力总发一些淫秽色情的信息给你，你该怎么办？

第六节　网络病毒

网络病毒是指计算机病毒，即病毒编制者在计算机的运行程序中插入破坏计算机功能或者数据的软件，影响计算机使用并且能够自我复制的一组指令或者程序代码。

当心网络病毒

与医学上的“病毒”不同的是，计算机病毒不是天然存在的，是某些人利用计算机软件和硬件所固有的脆弱性而编制的一组指令集或程序代码。它可以通过某种途径潜伏在计算机的程序里，当达到某种条件时即被激活，从而感染其他程序，对计算机资源进行破坏，影响网络用户的使用，盗取用户的个人信息、账号以及密码等。

现如今一些不法分子利用网络病毒实施各类犯罪，骗取钱财，手段多样，并且随着电子技术的发展，手机网络病毒的传播也日益泛滥，用户只要稍不留神就会中了网络病毒的招。

一、案例警示

2015 年 8 月 4 日，阿克苏市民王女士银行卡上的 5 万余元莫名被盗。前段时间，她在网上聊天时，接到一位群友发的文件，出于好奇就点开了。当时，文件没有任何反应，也无法打开，王女士也就没在意。事后接到银行短信，发现银行卡中的 5 万元存款不翼而飞。王女士马上报了警，警方在调查中发现，王女士上网时因误点病毒文件，钱已经被不法分子转走。

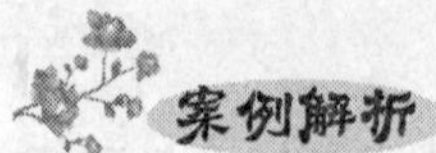

近几年，类似案件时有发生。这是一种新型木马病毒，一旦受害者打开病毒，

它就能记录其所有软件的用户名和密码，盗取网银资金，而受害者却毫无察觉。犯罪嫌疑人借助网络平台，采取高科技盗窃手段，很难追踪到犯罪嫌疑人盗取钱财的真实账号及身份。因此，像王女士的这类案件不仅破获难度大，而且耗时比较长。所以，我们在日常上网中，要注意保护自身网络安全，不要接受陌生人发来的信息和文件，如果陌生人频繁发送，可以将其举报，并拉入网络黑名单。

2015 年 12 月 1 日，市民小周收到一条“我给你发一份请帖‘xxx. xxx. com. cn/’，时间、地方都在里面，在此恭候光临”的短信后，点开链接，发现是某赌博场所的广告，小周关闭信息后发现，其手机自动按通信录上所有成员名单逐一转发此条短信。小周立刻向警方进行报案，警方在调查中发现，这是一个利用模拟接收器群发网络病毒的团伙，他们通过给用户发送病毒短信，赚取商家的广告费。

犯罪分子通过短信群发器群发病毒短信，当用户点击短信中的恶意网址后，会在手机上下载木马病毒安装包，木马病毒会群发诈骗短信给手机联系人。所以，我们在收到陌生的短信后一定要谨慎操作，防止落入不法分子设置的陷阱。

二、安全建议

（1）不要轻易点击“带链接”的短信。

（2）不要轻易扫描来路不明的二维码。

（3）不要从各类论坛、不正规的网页上下载软件。

（4）安装专业安全软件，拦截网络病毒、恶意网址。

（5）使用电脑时，不随便安装陌生人传送的程序。

（6）为计算机安装杀毒软件，定期扫描系统、查杀病毒。

（7）及时更新病毒库、更新系统补丁。

（8）下载软件时尽量到官方网站或大型软件下载网站，不要安装或打开来历不明的软件或文件。

（9）定期备份计算机，以便遭到病毒严重破坏后能迅速修复。

上网随身小口诀

网络生活真丰富，警惕之心不可无；

短信链接切勿点，查杀病毒记心间。

三、应对措施

（1）当电脑被病毒侵害时，可以重新安装系统，为电脑安装强有力的杀毒软件和防火墙。定时更新，提防黑客侵入。

（2）当手机被病毒侵害时，应拔掉电话卡，关掉网络，全面杀毒或者恢复出厂设置。必要时为手机号办理临时冻结业务。

（3）若已造成经济损失，应当马上更换与之关联的账户密码并且立即报警。

（4）当发现收到他人发来的异常消息，应及时提醒其检查其账号安全问题，一旦发现账号被盗，立刻通知所有联系人不要相信此账号发出的各类交易请求，防止造成更严重损失。

（1）节假日临近，收到一条名为 10086 的短信，“感恩回馈，恭喜您获得春节欢乐大礼包，请点击此处进行兑换”。你是否该点击查看？

（2）浏览网页时突然弹出某电影视频网站的信息，提示点击链接下载即可免费获得会员资格观看视频。该如何应对？

第七节　电信诈骗

电信诈骗是随着电子技术快速发展而产生的新型犯罪行为。犯罪分子利用电话，网络以及短信的方式，编造虚假信息，目的是引诱受害人上当，使受害人给犯罪分子打款或转账。整个过程都是在远程、非接触式的情况下完成的。

在电信诈骗中，作案者常冒充电信局、公安局等单位工作人员，以受害人电话欠费、被他人盗用身份涉嫌经济犯罪，以没收受害人所有银行存款进行恫吓威胁，骗取受害人汇

转资金。电信诈骗活动蔓延性大，发展迅速，波及范围广，造成的损失也相当严重。其诈骗手段翻新速度快，花样层出不穷，多为团伙作案，采用非接触式诈骗，分工细致，有些犯罪团伙组织庞大，实施跨国跨境犯罪，隐蔽性强，打击难度大。

当心电信诈骗

电信诈骗针对的受害群体广泛，采用各种方式方法，诈骗针对性强，骗术手段高明，使一些受害者不知不觉迈入犯罪者布下的骗局。

一、案例警示

河南的陈先生炒股十五六年了，2015 年 7 月，他接到一个电话，对方自称是国信证券的操盘手，花 6800 元成为会员可以获得股市的内幕消息，陈先生抱着试试看的态度注册成为会员，没想到按照他们指示购买的股票一直下跌。这时候对方又打来电话，说近期股票市场不景气，陈先生可以转投茶叶期货，是个新商机。陈先生下载了对方所说的期货软件，购买茶叶期货，期间赚了 9 万余元。之后，对方告诉陈先生，可以花 200 万元购买期货成为高级会员，陈先生觉得有利可图，却没想到自己投进去的钱全打了水漂，而那些所谓的公司负责人也早已不见了踪影。

投资要谨慎，切不可贸然轻信他人。这个电信诈骗团伙分为上下线，下线负责吸引股民注册会员，上线利用自己控制的期货软件来继续实施诈骗。下线遇到防范意识薄弱的受害人后会发展给自己的上线，骗取更多的钱。我们切不可盲目相信内幕消息，谨防上当受骗。犯罪分子正是利用陈先生贪便宜的心理设置陷阱，实施诈骗行为。青少年更是应当注意自我保护，谨慎对待金钱问题。由于青少年社会经历较少，容易在无意中受到诈骗，因此在进行投资时应当征询父母师长的意见后再做决定。

2015年年底，河南信阳的周先生收到一条短信，短信的内容为："尊敬的用户，您的信用卡已符合我行提额标准，请致电客服4008899670完成办理。【农业银行】"周先生拨通客服电话后，工作人员以要求他核实银行卡信息为由，获得了周先生的信用卡卡号和相关信息。之后，周先生的手机上便收到了9000元消费通知的短信。

诈骗分子伪装成银行机构群发短信，等待缺乏防范意识的用户上钩，之后伪装成信用卡管理中心的工作人员要求受害人核实信用卡信息，通过这种方法盗刷受害人的信用卡。我们一定要时刻警惕和防范，遇到银行的短信不能轻信，接到自称银行的工作人员的电话一定要多留心，切勿随便告知他人银行卡相关信息。

二、安全建议

（1）时刻保持警惕之心，防范之意。

（2）不要抱着有利可图之心，落入犯罪分子精心布置的陷阱。

（3）身份信息、银行卡信息等个人信息不要随便告知他人并应防止泄露。

（4）在接到短信或者是电话的时候，一定要仔细核对真实的信息，不轻信。

（5）平时多积累知识，多看有关电信诈骗的案例，做到心中有数。

（6）遇到"八个凡是"，需要提高警惕。

凡是自称公检法要求汇款的；

凡是叫你汇款到"安全账户"的；

凡是通知中奖，领取补贴要你先交钱的；

凡是通知"家属"出事要先汇款的；

凡是在电话中索要个人和银行卡信息及短信验证码的；

凡是让你开通网银接受检查的；

凡是自称领导要求打款的；凡是陌生网站要登记银行卡信息的。

预防诈骗小口诀

电信诈骗手段多，遇事小心需谨慎；

“八个凡是”心间记，多听多看多留心。

三、应对措施

电信诈骗发生后，要及时报警，并可以通过以下方式冻结对方账号。

（1）如果不知道对方银行账号，可以到银行柜台凭本人身份证和银行卡查询出涉嫌诈骗的银行卡账号，然后在柜台查询或通过拨打 95516 银联中心客服电话的人工服务台查清该诈骗账号的开户银行和开户地点。

（2）通过电话银行冻结。拨打该诈骗账号归属银行的客服电话，输入该诈骗账号，然后重复输错几次密码就能使该诈骗账号冻结，时限为 24 小时。次日零时后再重复上述操作，则可以继续冻结 24 小时，为侦破案件争取时间。该操作仅限制嫌疑人的电话银行转账功能。

（3）通过网上银行冻结。登录该诈骗账号归属银行的网站，进入“网上银行”界面输入该诈骗账号，然后重复输错几次密码就能使该诈骗账号冻结止付，时限也为 24 小时。如需继续冻结，则可以在次日零时后重复上述操作。该操作仅限制嫌疑人的网上银行转账功能。

（4）通过开户地（市）的归属银行或总行冻结。这一步需要由公安机关来完成。到公安机关报案后，公安机关凭相关法律手续实施冻结止付，时限为 6 个月，

（1）刘女士接到一个 001 开头的电话，电话里的人自称是公安分局民警，他说有人利用刘女士的身份证办了一张银行卡，并用这张卡转出了 200 多万元，现在怀疑刘女士涉嫌诈骗，要求她把所有钱存进一张银行卡。刘女士该怎么办？

（2）李先生接到一个电话，说他爱人的 7000 元残疾人补助金可以一次性领款，让李先生按照他们的要求去银行 ATM 机上进行操作。李先生应如何应对？

参考文献

[1] 纪红光. 呵护权利——未成年人权益保护法律实务 [M]. 北京：群众出版社，2004.

[2] 张欣，黄锋. 学生人身伤害赔偿 [M]. 北京：中国法制出版社，2004.

[3] 朱永生. 也谈"校园安全法"立法建议的若干问题 [J]. 武汉大学学报（社会科学版），2002.

[4] 王亚军. 浅议校园"110"[J]. 保卫学研究，2003.

[5] 郑安文. 道路交通安全管理措施比较研究 [J]. 中国安全生产科学技术，2005.

[6] 李海鹏. 校园安全管理问题研究 [M]. 武汉：华中师范大学出版社，2012.

[7] 岳光辉. 校园安全管理的调查与思考. 湖北警察学院学报，2012.

[8] 王大伟. 中小学生被害人研究——带犯罪发展论 [M]. 北京：中国人民公安大学出版社，2003.

[9] 崔卓兰. 高校法治建设研究 [M]. 长春：吉林人民出版社，2005.

[10] 徐久生. 校园暴力研究 [M]. 北京：中国方正出版社，2004.

[11] 费长群. 中职生安全教育 [M]. 长春：东北师范大学出版社，2008.

[12] 陈露晓. 中职生安全教育读本 [M]. 北京：北京理工大学出版社，2009.

[13] 王晓慧. 心理障碍 [M]. 石家庄：河北科学技术出版社，2005.

[14] 李荐中. 青春期心理障碍 [M]. 北京：人民卫生出版社，2009.

[15] 李功迎. 情感障碍 [M]. 北京：人民卫生出版社，2009.

[16] 韦美萍，论中职德育课中加强安全教育的重要性 [J]. 广西教育（职业与高等教育版），2010.

[17] 徐群. 中职院校加强安全教育之我见 [J]. 成才之路，2011.

[18] 谭禾丰. 中职生安全教育：责任重于泰山 [J]. 职业技术，2008.

[19] 王晓瑜. 论我国新型校园安全管理模式 [J]. 法制与社会（下），2013.